脱原発シリーズ❷

こうするしかない原発問題

安藤 顯

再生可能エネルギーに舵をきろう

三和書籍

はじめに

この著書は、二〇一六年に出版した『これからどうする原発問題―脱原発がベストチョイスでしょう』に続く第二弾です。

事故現場より半径約三〇キロメートル程度のところまでは、樹木が生い茂っていた豊かな自然の面影はありません。特に大熊町、双葉町辺りでは、すでに七年以上経っているのに未だ、イノシシ、タヌキ、ウサギ、ネズミなどの野性動物が我が物顔に跋扈しています、大きな悲惨な災害があったことがすぐに感じられます。

帰還が認められた居住制限区域の隣近所の方々も、遠くのほうに老夫婦二～三組を見て取れるだけで、小さい子供さんを伴っている家族は、休日なのに周りを見回しても目に入りません。若い家族は汚染とその影響を心配して、遠くに転居しているのでしょう。

この地域のこのような様変わりは、七年半ほど前の東北大地震と津波、そして福島ではそれがもたらした東電福島第一原子力発電所の大事故の結果なのです。これまで電力会社はいつも原発は安全であると言い続けてきていたのですが、実際に地震・津波が来たときに、それがまったく裏切られ、住民は大災害、放射能汚染を受けてしまったのです。東電の責任については、当時の経営責任者が司法の場で訴追され、今審議されているのです、経営における倫理を欠いた責任、自然災害の上にそれが原因ともなった大きな事故、そして住民が受けている災害、苦悩などについて、納得できる判決が出ることを多くの住民は望んでいるのです。

親戚の友人の家族は、時々定期的に病院を訪れ、炎症反応判定、腫瘍マーカー、感染症判定などの検査を受けるとともに治療を続けております。この友人も家庭医学書を読み、市立図書館通いをし勉強していて、今では医師にも感心されるほどの通になったと苦笑しています。これも大切な家族を思ってのこと、崩壊した原発からの放射能の被災を受けてのことからです。

これからは電力会社や政府に原発は安全であるとどんなに言われても、安心できない不安を、他の地域の人々、政府のお役人にどのようにして理解してもらえるのか、悩みは続いています。

まったく目先の経済性、お金のために事業を始めること、そして電力会社の経営者がすでに投資済みの設備（発電用の原子炉など）があるから、危険はあっても自分の任期の期間は問題が起きないことを願いながら、だましだまし既存の原発設備を使いたいとの気持ちなどで稼動に踏み切ること、そして電力会社のそのようなお願いや要請を受けて、国の所管省の政策判断が行われること、それで良いのでしょうか、良いはずはありません。

本年（二〇一八）六月大阪方面を襲った大地震はM（マグニチュード）六・一でした。一九九五年の阪神大震災はM七・三、二〇一六年の熊本地震も同様にM七・三でしたが、日本には二〇〇〇余りの活断層があると言われています。熊本地震のときには、川内原発へも地震の被害が及ぶのではないかと大変な心配がされました。東日本大震災では、太平洋プレートに起因する激震・大津波に飲み込まれましたし、トラフ型の東南海大地震の予見もされています、原発を稼動するのはとてもリスクが大きいと思わざるをえません。

さて、ここで本書で述べている幾つかの大切な事柄についても、手始めに少しだけ入口に触れてみたいと思います。

まず、政府のエネルギー基本計画の骨子が本年四月に発表（七月三日に閣議決定）されましたが、従来通りに原子力発電は、重要なベースロード電源とし、原子力規制委員会の判断を尊重して再稼動を進める、核燃料サイクルは自治体の理解を得つつ推進する、そして従前計画通りの原発比率二〇～二二パーセントを据え置くとのことですので期待外れです。しかし、僅かな救いとして、与党・自民党内にも脱原発が望ましいとの意見も出始めたことです。

次に、世界の原発の現状も気になりますね。

現在の全世界の原発総数は四三九基です。アメリカ九九基、フランス五八基、中国四五基、ロシア三〇基と、たいへん沢山の原発があり、稼動しています。それに対して世界での廃炉（予定）の数も一五六基。現存数に対し約三六パーセントが廃止措置の対象で、まだまだ不十分ですね、ただし先進国では、新規の建設はほとんどないことも事実です。原発の危険さ（スリーマイル島原発事故、チェルノブイリ原発事故、そして東電福島第一原発事故）、それらが地球規模で災害、汚染をまき散らしていること、そして次のような大きな問題を有しているのです。

つまり、大きな問題とは、放射性廃棄物（特に高レベルの）の最終処分の方法が見つかっていないことです。放射能の半減期が万年単位のものが多いです。例えばプルトニウムの半減期は二四一〇〇年です。そこで核廃棄物の現在考えている（最終）処分方法で、そのような長期に耐え得るのかどうか、そしてまた処分地があるかどうかの問題もあります。日本では処分が可能かどうかについての調査を受け入れる自治体すらありません。すなわち、核廃棄物の処理の地域・場所は、現在まったく候補地のあてがないのです。この最終処分の問題は、多くの諸国、アメリカ、フランス……、フィンランドなどにおいても研究・開発中であり、未だ暗中模索とも言いうる段階ですが、日本はそのレベルにも至らず、検討、構想つくり（地域選定も含めて）もできていなく、原発所有国の中では最も遅れていると言えます。大きな改善が必要なのです。

また、万一稼動に踏み切る場合にも安全性を上げることが必要ですね、そのために安全化投資が必要となります。その例としての四国電力伊方2号機の廃炉の件があります、伊方原発2号機も中（小）型原発で、稼働開始も一九八二年三月であり、必要な安全対策費を投じてもこの先、二〇年余りしか運転できないことになるため（最長六〇年限度）、投資に対する十分なリターンが見込めないと判断したようです。必要な安全化投資が一基当たり二〇〇〇億円を要するとのことです。それにしても原発は最早「安い」とは言えなくなっているのは確かであります。

さて、脱原発で原子力発電量を減らすべきとき、世界的エネルギーの必要量が増えていますので、どうしたらいいのかの疑問が出ますね。CC‐LNGはたいへん効率が良いですし、地球環境的にみて、従来型に比べれば進んでいますが、何といっても格段の良さをもっているのは再生可能エネルギー（自然エネルギー）です。しかも原発をはるかに上回る特長をもっています。

世界での再生可能エネルギーへの移行は、新設発電所の発電ベースの割合で二〇〇六年に六パーセントであったものが、二〇一〇年には三〇パーセントになり（設備容量では三四パーセント）。また電力需要量も二・三パーセントが二〇二〇年には一一・五パーセントになると予想されています）、IEA（国際エネルギー機関）の報告では、二〇五〇年には再生可能エネルギーが四六パーセントになるとの見通しを出しており、今や世界的に再生可能エネルギーが支柱になりつつあります。

世界の再生可能エネルギーの現在の発電設備量はすでに次の通りで、
中国 一一八、アメリカ九三、ドイツ七八（単位＝メガキロワット）、
　　　—世界合計五六〇メガキロワット（発電量三四三四ギガキロワット時）—
日本はまったく上位に入っていません。日本の再生可能エネルギーの発電量は、現在は僅か七六ギガキロワット時（世界の二・二パーセント）なのです。

「はじめに」の最後に、ほんの少しだけ触れますが、
・再稼動といいたい人々は、
－投資設置してある原発設備は使いたい。
－避難解除後に帰還した人々がいる……。といっていますが、
・しかし、一方（ここでは、少しだけ著者にも言わせていただきますが）、
－追加安全投資のため、小規模設備は採算がとれません。安全性を高める必要があり、経済性は　悪くなります。
－最終処理する方法のないまま、核廃棄物の量が増えています。

- 再生可能エネルギーは今後安くなります。世界の国々では急速に進めています。日本には広いＥＥＺ（排他的経済水域）があり、海上風力、海流・潮力発電などの可能性も大きいです。わが国は後追いでも、技術力を活かして、大躍進をする可能性と必要性があります。
- 帰還比率は一〇パーセント以下でたいへん低いですし、国民世論は原発にたいへん反対しています。被曝に対する不安は多くの人で未だに大きいです。

・ですから、〝脱原発がベストチョイス〟と判断しているのですが、いかがでしょうか。

以下、第一章から終章の総括まで通覧いただき、原発が抱える諸問題・提言につきましてご理解いただけましたら幸いです。

目次

第二章　原発の事業性―今や再検討され始めている

第三章　原発による汚染・内部被曝の悩みは続く

第六章　原発のあり方についての総合的な見方：その一・その二
—脱原発の方向へ潮目も変わり始めている

終章　まとめ—原発問題のあり方を総括する

第一章

原発問題の現在――苦難は続く

読者のいだく疑問

・居住制限区域の住民はすでに平成一七年四月に帰還可能となったが、住民の前の住居への帰還は進んでいるのですか?

・放射能汚染の一番ひどかった帰還困難区域の人々はこれからどうなるのでしょうか?

・大災害を起こした東電の経営者の責任は一体取らされているのでしょうか?

—これらにとても関心があるのですが?

著者からの一筆

・筆者の友人は当時居住制限区域に住んでいて，今は福島市に避難して来ています、今の場所で就業もしていて不自由がないですので、大震災前の故郷へ心は惹かれますが、今のところから帰る気持ちはありません。という方が多くいらっしゃいます。

・帰還困難区域は、事故当時五〇ミリシーベルト／年超を示し、そのため今でも約二五〇〇〇人以上が避難しています。今後新たに数千億円をかけて拠点区域の除染を行い、二〇ミリシーベルト／年以下にして居住可能にするとのプランですが、この拠点計画から外れた三一〇〇〇ヘクタールは立ち入り制限が今後も長期に続くことになります（約二〇〇〇〇人の方が住んでいます）。

・時々当時の避難の災難を思い出しては、「原発はまったく安心です」と言い続けてきた東京電力の責任を、司法の場でしっかりと裁定していただきたいと思っていますね。

この章の(5)で、当時の経営者三人が裁判所で審議されていることを記載しています。

(1)原発事故被災地域のその後は、全体として

①避難指示解除より一年の四市町村での帰還・居住率は六パーセントの低さ

帰還解除をされた住民（約三八〇〇〇人）、浪江、富岡、飯舘、川俣の四町村の中、戻った住民は未だ一八八〇人である、それに対する理由調査（二〇一八年一月実施／回答数一六一人）の結果は、

住宅が住める状態にない　五九、病院・買い物の不便　五五―計一一四
放射線被曝の不安　四八、除染が不十分　四八―計九六
福島第一に近づきたくない　四二、除染土が生活圏にある　三三―計七五

総計二八五

要約すれば、今でも核汚染に対する不安を感じており、同時に帰還先（震災前の町・地域）でのごく普通の生活が見通せないのであり、町・該当地域の復活は見通せないと言える。その結果、子供のいる家族では当該区域の外に一家は居住し、通いで学校、会社、店

舗にくる変則的な形態が多く見られている。また、テレビにより遠隔授業をしている学校もある。なお、高齢者は旧住居への愛着が強いとともに被曝の影響を受けにくい身体であることも理解されているので、戻る傾向がみられるのである。その結果は別離の生活となる。――いかにも不自然な生活、また、形だけの復興ではなかろうか。

② しかしながら政府は原発避難解除を急いでいる

帰還困難区域以外の区域（居住制限区域、避難解除準備区域）については、原則二〇一七年三月までに解除をするとの基本方針に基き解除指示が出されている。そして、帰還困難区域（五〇ミリシーベルト超）についても可能な範囲での（つまり一部分）解除の方針が新たに出された。すなわち、「帰還困難区域」（約二六〇〇〇人）については、三三七平方キロメートル（三四〇〇〇ヘクタール）の一

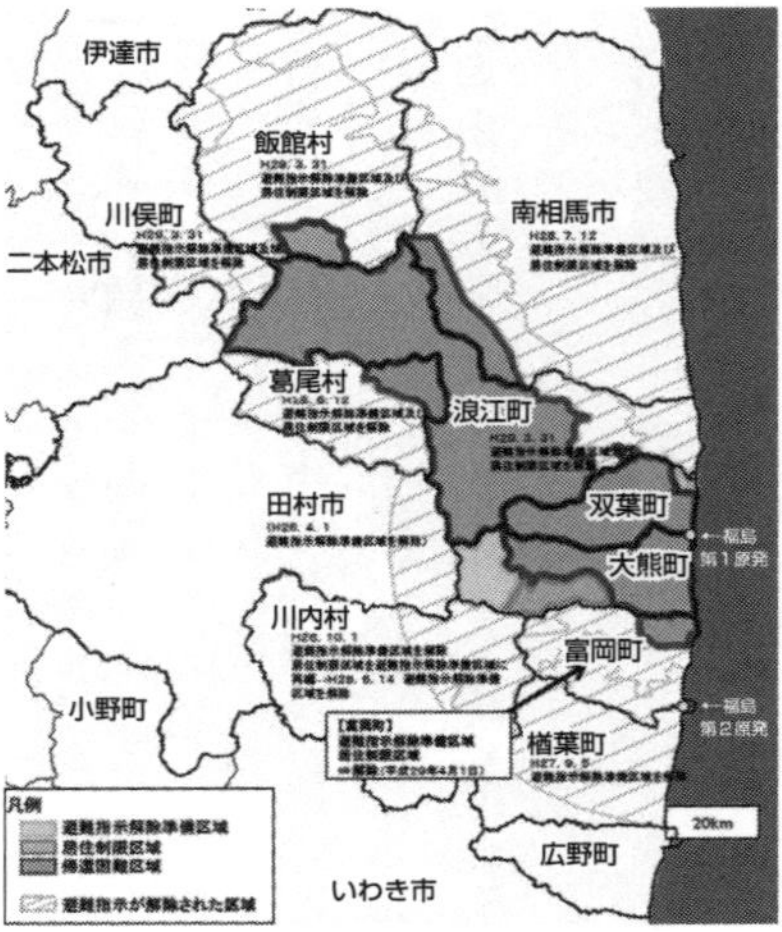

東電原発事故の被災地略図

部を「復興拠点」とし、二〇二一年までに「帰還困難」を解除して、復興を世界にアピールしたい意図である。これについて、住民には大きな不安が走っている。オリンピックのタイミングを利用して、政府は福島での競技開催をも視野に入れて、「復興した姿を世界に発信する」との政治的利用の対象にされ、住民の生活、被災者のための政策がないがしろにされ兼ねないで、良いのであろうか、との声もあがっている。

③復興庁調査による「故郷へ戻る人の比率」とその変化を見てみよう

避難指示を受けた人々で、「故郷へ戻らない人の比率」が大幅に増加している。

原発に近いほど故郷に帰らず移住を決めた人が増える傾向である。この二年の間に「戻るか戻らないか判断がつかない世帯」が減り、「戻らない」が四～九パーセント増加している。

「戻らない人」の比率は、

	【二〇一四年調査】	【二〇一六年調査】
双葉町	五六パーセント	六二パーセント
浪江町	四八パーセント	五三パーセント

富岡町	四九パーセント	五八パーセント
飯館村・川俣町		三一パーセント

「戻らない」が増えていることは、住まいをどうすべきかについて、その方々の意思がハッキリしてきている（慎重な方向）と理解できよう。

④大事故六年目の、三月一一日現在の被災者の現状

	【福島県】	【全国（宮城県、岩手県を含む）】
死者	一六一三	一五八九三
行方不明者	一九七	二五五三
関連死	二〇八六	三五二三
県内に住む避難者	三九六三〇	一二三一六八（五一三〇三減）※カッコ内前年比
仮設住宅入居者	一一八五五	三三八五四（二三八二三減）※カッコ内前年比

（毎日新聞二〇一七年三月一一日）

福島県民の避難者数は、県外に住む避難者を入れて七九二二六人である。

		双葉町	大熊町	浪江町	富岡町	４町合計
避難指示解除の時期		22 年春	22 年春	23 年春	23 年春	
対象面積　ha（同地域に占める割合%）		555 11%	860 18%	661 ４%	390 49%	2466 ９%
５年後目標	帰還住民	1400	1500	1300	1300	5500
	町外から	600	1100	200	300	2200
区域の避難者数（2010 年調査）		6644	11107	3493	4923	26067

・福島県の死者 一六一三名、さらに 関連死 二〇八六名の犠牲者の多さは、たいへん重いものがある。なお、大熊町、双葉町のほぼ全域で、今後も避難区域が続いていく。

⑤ 一方、近時の特定復興拠点（二〇一八年三月／政府発表プラン）としては

上の表の四地域が特定復興拠点とされている。

これらの帰還困難区域は、事故当時五〇ミリシーベルト／年超を示し、そのため約二〇〇〇〇人超が避難していた。今後新たに数千億円をかけて五月頃から除染を行い、二〇ミリシーベルト／年以下にして居住可能にするとのプランである。

これらの地域では、住居、農業の再開をねらうとともに、研究・開発拠点（特に原発関連の）も起こし復興の拠点にする（国際基準〈ＩＣＲＰ〉は一ミリシーベルト

／年である）との構想である、このような政策を駆け足で行い、住民との間で溝が深まるのではないかと危惧される。

追加として最後に、飯館村、樫尾村の拠点計画化が認定されている、その結果対象面積は合計で二七四七ヘクタールとなり、全帰還困難地区の八パーセントとなる。

一方、この拠点計画から外れた三一〇〇〇ヘクタールは立ち入り制限が今後長期に続くことになる。

⑥前記を受けての福島の沿岸での国家プロジェクトの例

包括的には「福島イノベーションコースト構想」と呼ばれている。実体的には再生可能エネルギー開発等をも含む産業復興プロジェクトとして、

・「福島医療機器開発支援センター」／郡山市：二〇一六年一一月に国の予算一三四億円を使い県がオープン。一七年度の利用は見込みの1／3の五〇件、三億円の見込みに対して、収入は三九〇〇万円で六億円の赤字、想定の二倍。

・「福島ロボットテストフィールド」／南相馬市と浪江町：総工費一五五億円、新年度中に一部が稼動する。

・「再生可能エネルギー由来水素プロジェクト」／双葉町
・「福島再生可能エネルギー研究所」／つくば市

これらの産業振興は、ほとんどが先端技術分野であり、農業や漁業で生計を立ててきた沿岸部の住民が地元に戻っても雇用に結びつくか疑問がある。一五パーセントの低い帰還率の原因は雇用と求職状況がマッチングしない要素があろう。このように課題は山積している。

⑦補足として、大熊町の一部を「帰還困難区域」の復興拠点に認定することについて

大熊町の一部、事故原発の南西約四キロメートルの八六〇ヘクタールで、同町の帰還困難区域の一八パーセントにあたる。九月の双葉町に次ぐ二件目であり、国費により除染や復興工事を進め二〇二二年までに避難指示を解除する予定。住民一五〇〇人、原発作業員一〇〇〇人強も移住する予定である（二〇一七年一一月）。

⑧予告はされていたが、原発避難者の精神的苦痛に対する慰謝料の賠償は本年三月で終了。これは避難者にとって厳しい現実である

・帰還困難区域（大熊町、双葉町など）／一四五〇万円　・避難指示解除区域／八五〇万

円　・旧緊急時避難準備区域等／一八〇万円など、以上に対して、合計約一兆円を支払っている。慰謝料（約一兆円）以外の賠償額は、未だ支払中を含めて、事業費／二・八兆円（共通・一・七兆円、その他／一兆円〈三月一一日現在〉）。

・個人に対する責任の存在をこの時点で打ち切るのは問題であろう。

・なお、この他に、集団訴訟による裁判により決定される「故郷喪失」の損害賠償があり、原発（東電）の有責性をほぼ全面的に認めている。

⑨本年三月に「除染完了」の発表の政策は、住民の生活を無視して早過ぎるのではないか

これまで除染は、生活道路、住居の庭先などを中心として行われてきたが、一方、山林よりの吹き下ろし、小川の流れなどで拡散された汚染物質による内部被曝の心配が残っており、安心して生活が出来ないと住民は考えている。それが帰還を鈍らせている大きな原因の一つであると聞いている。〝放射能物質は循環する〟と言われている。そして森林に残り、また粘土・鉱物と結びついて地中に長く残るのが実態である。二〇二〇年のオリンピックを意識しての政治的意図に走りすぎてはいないか。

⑩ 福島県での県外避難者は二〇一八年三月一三日現在、未だに約三四〇〇〇人である

全地域の総数は、なお七三〇〇〇人である。このような事情も帰還が増えない一因であろう（被曝の後遺症に対する不安が最大の要因と推測される）。

(2) 近年の各原発の事情、実情

――〔廃炉の方向〕――

① 廃炉についての一つの大きな判断が行われた

大飯1、2号機（一九七九年稼動開始）について、二〇年の運転延長をする方針であったものを、安全対策費がかさむことなどの理由で方針転換を視野に入れて廃炉も検討する（関電）。

二〇一〇～一一年に運転を停止し、定期検診に入っていたまま停止の状態を続けている。

関電としては、七基を動かすために八三〇〇億円超を投ずる計画であったが、大飯1、2

号を動かすための安全対策費（1、2号機だけで四〇〇〇億円以上）を加えると、さらに巨額になり、その安全対策費に見合うメリットが出せない可能性があるとの判断になりつつある。また、二基を廃炉にしても、販売量に対して供給には余力があるとの見通しも考慮しての廃炉も、視野に入れての検討である。

②福島第二原発—全基廃炉に（二〇一八年六月）

福島第二原発四基の廃炉の方針を、東電小早川社長が福島県庁を訪れ内堀知事に明言した。これで県内の一〇基（いずれも東電）が廃炉となり、国内で一九基が廃炉となる。この第二原発の四基は、合計四四〇万キロワットで、一九八二～八七年に運転開始して、すべてが運転開始より三〇年以上経っており、もし再稼動を試みる場合には、数千億円の追加投資が必要とされていた。この廃炉には四基で二八〇〇億円を要するとの見込みである。これにより東電にとって残された原発は、柏崎刈羽の七基と建設中の東通原発（青森県）のみとなる。

③東南海大地震とのからみで関心・心配の対象であった浜岡原発の再稼動について

二〇一七年六月の知事選挙で三選を果たした川勝平太静岡県知事は、今後中部電力が再稼働を進めんとする時は「反対」することを表明した（同年六月二六日）。知事選において、使用済み核燃料のプールがすでに満杯の状態であり、再稼動できる状態にないことを発言していたものを「反対」と明確に表明したものであり、近隣の住民に安堵の気持ちが広がっているとの報道が見られている。

④東海再処理施設の廃止作業開始（二〇一八年六月）

原子力（研究開発）機構による「東海再処理施設の廃止の計画」が原子力規制委員会により認可され廃止作業が正式に開始される。一兆円を投じ約七〇年かかる作業である。安全対策を行いつつ、高レベル放射性廃棄液三六〇立方メートルをガラスで固める作業も入る。処分地は決まっていない。そして低レベル放射性廃棄物も約七万トン出ると見込まれている。処分地は同様に決まっていない。原子力機構は高速増殖炉「もんじゅ」の廃炉作業（福井県）も並行して行う。

⑤-1 日本原子力発電（原電）の経営危機

一九五七年の設立より六〇年を迎えた原電が、保有する全原発が停止していて、来年四〇年を迎える東海第二原発（茨城県、停止中）の稼働延長に今後を託している。原電は原発以外の発電方式をもたず、原発のみに依存している経営であるからである。敦賀第一は廃炉作業中であり、敦賀第二は建屋直下に活断層が走っている可能性がある。そして、上記の東海第二原発は一九七八年一一月に稼動開始の原発で四〇年超の運転延長を申請中であり、特別点検準備中である。半径三〇キロメートル圏内に全原発最多の九六万人が暮しており、避難計画は策定されておらず、また自治体の同意が得られる見通しも立っていない（二〇一七年一二月）。

⑤-2 東海第二原発再稼動（日本原子力発電）の申請についての事情は?

二〇一八年一一月に、運転開始から四〇年を迎える東海第二原発（茨城県、一一〇万キロワット）の二〇年の運転延長を原子力規制委員会に申請した（一七年一一月）日本原子力発電（原電）は、原発四機のうち東海原発1号と敦賀1号は廃炉が決定、また敦賀2号は建屋の直下に活断層が走っており再稼動は厳しく、原電はこの東海第二原発を経営の支柱として運転延長と・再稼動を目指している。しかし再稼働へのハードルは高い、半径三〇キロメートル以内には九六万人が住み、避難計画作りは容易ではない。

安全対策費も、当初予定の七八〇億円が大幅に増え一八〇〇億円の見通しとなっている、金融機関も原電の原発が止まっている状況で、新たな融資はしない姿勢である、原電が費用をまかなえない場合は、原電の電気の売り先の大手電力が負担することも考えられるが、ハードルは高いかも知れない。

⑤-３ 大手五電力が、東海第二原発の再稼動に向けて資金援助の方向

東電の他、関西、中部、北陸、東北の五社が、原電が金融機関より借金できるように債務保証することや、資金の貸付、前払金の支払などが考えられる。東海第二は運転開始四〇年になる今年一一月までに、原子力規制委員会の審査に合格できなければ廃炉となる（四〇年超の原発）。再稼動に必要な安全対策費一七四〇億円の調達の目途をつけるように、規制委員会により注文を付けられている。なお、三〇キロメートル圏に九六万人が暮している地元の同意を取り付けるハードルもある（一八年二月）。

⑤-4 東電は原電（日本原子力発電）の経営支援を意図しているが、可能かどうか

東電ホールディングスは日本原子力発電（原電）が持つ東海第二原発の再稼動に向けて経営支援する方針を決めた。原電は所有する全四原発がいずれも廃炉作業中か停止中で経営・資金繰りは極めて厳しい。最後に残された東海第二は、運転開始四〇年となる一八年一一月までに再稼動の審査に合格出来なければ廃炉となる。そこで残された原発として何とか東海第二を稼働したいが、稼動に必要な安全対策費が一七四〇億円かかるので、その支援を筆頭株主の東電が柱となって、東北、関西、中部、北陸の四電力会社の協力も得るように図ろうとしているのである、なお原電は周辺五市と「安全協定」を結んでいる。

⑤-5 東海第二の安全対策は月内にも「適合」へ、しかし再稼動は見通せず

必要資料の提出の遅れがあって、時間切れで審査打切りもささやかれていたが、ようやく資料提出も間に合い、また一七四〇億円の安全化投資資金の目途が東電（最大の株主）、東北電力からの資金援助で見通しが立ち、原子力規制委員会より「新規制基準に適合する」との審査書の取りまとめとなった。しかしこの後、地元住民、そして自治体よりの同意が必要で再稼動にはまだまだ高いハードルがある（二〇一八年六月、七月）。

――【再稼働の方向】――

①玄海４号機再稼動

原子力規制委員会の最終的検査を終えて、九州電力は七月中旬にも通常の営業運転に入る。これで、国内五原発九基、そして九州電力としては川内原発二基と合わせて四基が稼働していることになる、なお、玄海１号機は廃炉が決まっており玄海２号機は稼動検討中である（一八年六月）。

②島根原発３号機稼働の手続きへ

出力一三七万キロワットの３号機を、運転開始に向けて手続きを始める方針を発表。二〇一一年三月時点でほぼ工事が完了していて一二年三月の稼働見込みであったが、福島第一の事故により規制基準の見直しが始まり工事・完了を中断していた。同じ敷地内にある島根原発２号機は再稼動に向けて審査中である。３号機は沸騰水型（の改良型）なので、規制委員会の審査に合格しても、安全対策工事をさらにする必要がある（一八年二月）。

③大飯原発3号機（出力一一八万キロワット）の再稼動

新規制基準下での四ヶ所六基目となる、今後の再稼動予定は、三月下旬の玄海3号機、五月の大飯4号機、玄海4号機と続く見通しである。大飯原発から半径三〇キロメートル圏には福井の他に、京都、滋賀の三府県一一市町の計一五万七千人が暮らしている、原子力規制委員会の更田委員長は「規制委の許可を得た原発を動かすかどうかは推進自治体が責任をもって判断すべきである」としている。三〇キロメートル圏の周辺自治体は「自己責任」で避難計画づくりを強いられる一方で、再稼動の意思決定には関われない、との大きな矛盾をかかえている（一八年三月）。なお、大飯4号機も五月八日より稼動（一八年五月報道）に入る。三〇キロメートル圏の過半数が京都府と滋賀県の住民である。そして関電が再稼動への同意を得たのは福井県と大飯町のみである。三〇キロメートル圏の自治体の了解を得るようにするのが筋であろう。使用済み核燃料の中間貯蔵施設もまったく具体化していない。関電は電気料金の値下げに通じると言うが、目先の計算ではなく、再稼動の要否を慎重に吟味する姿勢こそが、企業が本来果たすべき社会的責任のはずである。

④東電による東通原発の地質調査

福島第二原発の廃炉政策と引き換えに、東電として、建設中断中の東通原発二基と、柏崎刈羽二基を稼働せんとするものである、東電の東通原発は二〇一一年一月に着工を始めたが、東電の福島第一の事故以降作業を中断しているもので、第一と同じ沸騰水型（ＢＷＲ）の改良型で、１号機　２号機　の二基で二七七万キロワットと大型である。地質調査は一八年後半から二〇年にかけて実施する。東電は「共同事業体」を設立すべく、中部電力、関西電力、日本原子力発電などに働きかけているが、調整は難航しつつあり、電力各社は経営リスクの高い原発の建設には、慎重であると言える（一八年六月）。

―【その他】―

・「沸騰水型原発」での追加新基準　―　原子力規制委員会による　―

沸騰水型原発での追加新基準、そして「加圧水型」についても、原子力規制委員会は、重大事故時に原子力格納容器の破裂を防ぐ、新たな循環冷却システムの義務化を決めた。これにより、格納容器が溶けるような重大事故の際に、放射性物質を含む蒸気を放出するフィルター付きベントを回避できるとされている。安全対策費が膨らむのは確実で、また審査も長期化しそうである、格納容器の破裂防止対策については、一部の加圧水型原発にフィルター付きベント装置の義務付けも決まっている。大飯原発1、2号機（廃炉決定）は格納容器の大きさが通常の加圧水型原発の半分しかないため、内部の圧力が高まりやすくその対象となる（一七年一〇月）。

(3)忘れられない当時のあらましを振り返る

①大地震・大津波の実情は

二〇一一年三月の大地震は、牡鹿半島沖約一三〇キロメートルの震源のほぼ真上にある海底基準点（海上保安庁所管）が地震後東南東に約二四メートル移動し約三メートル隆起しており、過去最大の地殻変動によっても二〇メートル以上の移動はなく、過去最大を超える地殻変動が起きたものである。

・この間行政による避難指導にも大きな不行き届きがあり、浪江町をはじめとした地域の人々に対して、一律に一〇キロメートル圏外への避難、そしてその後、引き続いて二〇キロメートル圏外への避難等が指示・誘導されたが、「距離だけでの」避難誘導であったため、かえって放射線量の多い方に多くの人々が避難したという、政府・自治体の大きな不手際があった。（利用可能であった）ＳＰＥＥＤＩを利用しなかったことが真に悔やまれる。

②放出された放射能の影響は

・放射能の放出は、陸上のみならず海上にも大量に排出され、次のデータが示唆するように、その後の海中の魚類・貝類の汚染問題を引き起こしている。

	【Cs 一三七】	【Cs 一三四】
大気放出量（二〇一一年三～五月）	一四・五 PBq	一四・五 PBq
海洋放出量（二〇一一年三～六月）	三・五 PBq	三・五 PBq
大気から海面への沈着量（二〇一一年三～六月）	一〇・〇 PBq	九・四 PBq
海水中の存在量（二〇一六年、事故から五年後）	一二・〇 PBq	二・四 PBq

単位＝PBq（一〇〇〇兆ベクレル）

それとともに、その後の汚染水の海中への排出も災いしていることは明白である。そして、それはたいへん憂慮すべきことである。

・また東電は、企業としての過酷事故に備えた工場の全体設計・体制の不備と、事故発生に際してのアクションの不手際があったのである。

過去に東北地方には大津波が何回となく襲っているのは、これまでの記述通りである。それにもかかわらず大津波に対する備えが甘過ぎた。まず防潮堤の高さを何故一五・七メートル（過去の大津波の経験から地震対策本部の見解を基に計算されている―二〇〇八年春）の東電内認識以上にしなかったのか？ 十分高くて堅固な防波堤で発電サイトを防護すべきであったとともに、代替設備はすべて高い位置に配備すべきであった。

また、事故発生に備えてのバックアップ設備・装置の不備などは、東電の企業経営としての過酷事故対策の著しい欠如である。

一方、例外的ではあるが、他の電力会社の中でも特筆すべきは東北電力である。建設当時の副社長・平井弥之助氏が、この地方の大地震と大津波の怖さをよく認識しており、「船山にのぼる」という古くからの傾聴すべき伝承を活かし、それに備えての原発工場建設での成功の例。一四・八メートルの高さの敷地のため、津波は原発建屋に辛うじて到達せず難を免れた（津波の最高潮位は一三メートルであった。これは建設時の経営判断の成果である）。重油貯蔵タンクの倒壊、地下三階の補機冷却水系熱交換機への海水の侵入など僅かな被害はあったが、大事故に至っていない。しかしこの事例は極めて例外的で、原発が安全であると言うことを意味するものでは決してない。

③東電元会長等に対する強制起訴が、二〇一六年二月に行われるに至った点

すなわち、起訴状によれば、勝俣元会長、武藤、武黒両元副社長らは一〇メートルを超える津波が来襲し、浸水して電源喪失が起き爆発事故が発生する可能性を予測できたのに、防護措置などの対策をする義務を怠り、また入院患者の避難に伴う死亡などを含む過酷事故・大災害を起こすに至ったとしているものである。すでに二〇一四年七月に検察審査会が「起訴相当」と判断したが、東京地検は再び不起訴としたものであるが、その後二度目の起訴相当を議決したので、二〇〇九年からの制度により強制起訴に至ったものである。

今後の成り行きについては、有罪とならない場合もあろうが、①検察審査会による二度目の「起訴相当」により「強制起訴」されたこと。それは、原発大事故がもたらす被害の深刻さを如実に示していると言える。②そして裁判の場で新たな証言が出るとともに、事実の一層の「究明」が行われ得ることが強く期待されよう。一八年六月現在、この件の審議が遂行中である。

さらに、ＩＡＥＡ（国際原子力機関）による指摘―津波対応不十分、事故対応不十分、規制当局の独立性不十分―は、よく吟味してこれからの政策立案の糧にする必要があろう。

④そしてさらに思い起こしていただきたいのは、二〇一二年の当時、この大事故について、四つの事故調査が行われ、原因究明と対策に活かすことが意図されていたこと

その中の大切な部分が、現在の政策に真に活かされているかどうかである（再稼動前提としても）。すなわち、①東電報告、②政府調査報告、③民間・有識者・調査報告、④国会調査報告、による調査・分析報告であり、要点に触れておきたい。つまり、①の東電の調査報告は、想定外の過酷な自然条件を原因とし、訴訟対応を考えたもので、あまり参考にならない。②の政府調査報告は、事故発生時の現場での作業・対応の不手際の指摘があったが、安全神話が過酷事故の大きな原因であったことの指摘、すなわち大事故の反省が不十分、③の民間調査報告は、「国策民営」方式で安全性への倫理観の欠如、そして「原子力ムラ」が生んだ安全神話が事故原因であったことの指摘があったが、この辺りの反省が、現在の政策に本当に織り込まれているかどうか疑問を感じる部分が見られる。次に④の国会調査報告は、人災と結論付けたことは重要である。また特筆すべきは、津波の発生以前に大地震により一部の機械（冷却用機器）が壊れた可能性を否定できないと指摘していて、津波のみをスケープゴート化し、地震などによる原発機の劣化・破損に対する構造・設備の強化などを、しっかりと備えなければならないことが現実に取り入れられているのか、疑問を感じるのである。その事例として、再稼動直後の水もれ、起動試験を延期（一六年二月）ということがあった。

⑤東電第一の原子炉・建屋（1、2、3、4号機）の廃炉・処理の実態のあらまし

デブリ、ガレキの処理崩壊原発工場サイトでの廃炉処理の現況（七年目）の様子は他の章でも述べるが、このような現場サイトの過酷な状況のため、全体整理工程は今後（三〇〜）四〇年の作業であり、作業の終了時を二〇五一年（目標）としている（一四年一〇月）。なお、４号機は水素爆発はしたが事故時運転停止していたため、これのみ燃料取出しを完了。

・廃炉作業の前段としての燃料（棒）の取出し

４号機からの燃料棒の取出し（点検中で、溶融がなかった）から始まり、それについてはほぼ終了と報道されている。他の溶け落ちている燃料（1〜3号機より）の取出しは、

建屋内、原子炉内の状況はほとんどわからず、作業員の被曝をおさえるためにも、水素爆発をおこした1、(2)、3号機では、原子炉建屋を頑丈な建屋カバーでまず覆い、また格納容器を水で満たす「冠水」を、あらかじめする計画がある。なお、溶けた燃料の取り出しのスタート(二〇二〇~二二年頃)までに、数年の時がかかるであろう。また国と東電の発表として、廃炉作業の終了までには(三〇~)四〇年の歳月がかかるであろうとの見通しである(変えていない)。

(4)エネルギー・電力についてのわが国の現在の基本的政策は?

①エネルギー基本計画/政府計画骨子 — 最終的に二〇一八年七月三日に閣議決定

・再生可能エネルギーを「主力電源をめざす」、しかし原発を「重要なベースロード電源」と位置付けている(一八年四月二七日発表)。

・原子力—重要なベースロード電源、可能な限り依存度を低減、原子力規制委員会の判断を尊重し再稼動を進める。

・再生可能エネルギー──需要な低炭素の国際エネルギー源、主力電源化へ布石、安定供給面、コスト面で課題、エネルギー安全保障にも寄与。
・自民党内にも、再生可能エネルギーをより重視すべきとの声もある。
・しかし、原発の位置づけは依然としてベースロード電源とされている。

②福島の現実の難しさ

(1)で述べたように、避難指示解除より一年を経た四市町村での帰還・居住率は六パーセントの低さであり、浪江、富岡、飯館、川俣の四町村の中、戻った住民は未だ一八八〇人であることが忘れられてはならないであろう。

(5)本章冒頭の疑問に対して── 公《おおやけ》の発表の内実はどうか?!

・政府は福島での競技開催をも視野に入れて、「復興した姿を世界に発信する」との政治的利用をし過ぎて、原発避難解除を急いでいる感がある、帰還困難区域（五〇ミリシーベルト超）についても、可能な範囲での（つまり部分的）解除の方針が新たに出された。すなわち、「帰還困難区域」（約二万六千人）については、三三七平方キロメートル（三四〇〇〇ヘクタール）の一部を「復興拠点」とし、二〇二一年までに「帰還困難」を解除する方針があるが、これについて住民の間には大きな不安が走っている。苛《さいな》まれている住民の生活の、被災者のための政策がないがしろにされ兼ねないで良いのであろうか、との声もあがっている。

・また、東電元会長らに対する強制起訴による裁判が進んでいる、すなわち起訴状によれば、勝俣元会長、武藤、武黒両元副社長らは一〇メートルを超える津波が来襲し、浸水して電源喪失が起き、爆発事故が発生する可能性を予測できたのに、防護措置などの対策をする義務を怠り、過酷事故・大災害を起こすに至ったとしているものである。検察審査会により「強制起訴」されたこと、そしてそのことは、原発大事故がもたらす被害の深刻さの一端を示している、正しく裁判が行われることを願いつつも、その程度ではカバーできない大事故、大災害であり、我々国民は福島の引き続き受けている苦難を忘れてはならないであろう。

・そして、被災者の状況については、表面的には改善したように言われるが、実態は居住制限区域も、また特に長期困難区域も、人々の生活はほぼ被災を受けたままの状態が続いていて、苦難を強いられているのである。

・(3)で述べたようなＩＡＥＡによる指摘は、国際的にも信頼性の高い機関よりの指摘として、特に―規制当局の独立性不十分―は、これからの政策立案において十分に反映されるべきであろう。そしてＮＲＣ（米国原子力規制委員会）は避難計画の審査・承認を稼働の前提条件としているが、日本も原子力規制委員会の審査・承認を稼働の条件とすべきである。

[附言]

両陛下の福島への御訪問・お見舞い

天皇、皇后両陛下は、六月九、一〇、一一日の三日間にわたって、福島を植樹祭出席かたがた、平成最後の御訪問をされた。やはり東北大震災を受けた地域でも、特に福島には原発事故による被災があり、いわき市、大熊町、富岡町の被災者のご苦労・ご心労を慮り、皇后陛下は三八・一度のご高熱にもかかわらずの御訪問・お見舞いをなさった。被災者もそのお姿を拝し、感涙してお言葉を頂戴した。

両陛下も福島に対しては特別の心温まる慈愛のお気持ちをお持ちになっているように思われる。福島の被災者の苦難が案じられるのである。（二〇一八年六月）

第二章

原発の事業性——今や再検討され始めている

読者のいだく疑問

・川内、高浜、大飯等の原発再稼動のニュースが目につくが、これからも再稼動がどんどん進むのでしょうか?

・前のような事故は起きない? 大丈夫なのですか?

・原発の新建設は、安全性強化のため、わが国ではほとんどないとの見方があるとのニュースがあるがどうなのですか?

著者からの一筆

・筆者の友人から似たような質問を時々受けます、確かに川内、高浜、大飯、玄海での原発は再開しましたね、しかし一方では大飯原発1、2号機の廃炉、福島第二原発四基などの廃炉も決まっていますね、廃炉も増えています。

・原子力規制委委員会では安全性をより高くするような設備の改善を義務付けていますので、稼働するときは安全化のための投資を行う必要があります。それでコストが高くなって中規模の原発ではペイしないので、(また危険でもあり) 稼動を断念する場合も増えています。

・アメリカなどの先進国では、新建設には安全対策費にコストがかかるし、また他のネガティブな要因もあり新規建設はありません。日本も新規建設はまずないでしょう。ただ、大事故により中止中の建設途上のものの再開はあるかもしれませんが。

(1)原発の事業性が疑問視されている

①中型原子炉は廃炉の方向か！──その例としての四国電力伊方2号機の廃炉

伊方原発2号機は五六・六万キロワットの中（小）型原発で、稼働開始も一九八二年三月であり、必要な安全対策費を投じてもこの先、二〇年余りしか運転できないことになるため（最長六〇年限度）、投資に対する十分なリターンが見込めないと判断したようである、一基当たり二〇〇〇億円を要する。それにしても原発はもはや「安い」とは言えなくなっているのは、確かである。また、例えば各電力会社の安全対策費は次の通りに大きい。

関西電力　五三〇〇億円　　中部電力　四〇〇〇億円
四国電力　一七〇〇億円　　九州電力　四〇〇〇億円　以上など、

すなわち収益性に対する影響はたいへん大きい。

②「原発は安い――儲かる」の神話は崩れた（二〇一八年四月）

福島第一原発の大事故と電力自由化の二つが「原発は安い―儲かる」の神話を崩しつつ

ある。まず福島第一原発の大事故により、原子力規制委員会が設定した、安全性に重点を置いた新基準で判断することとなり、安全対策費が大きくかかるようになった。電力一一社で四兆円以上かかるようになった（一基一五〇〇億円以上）、二つ目は電力小売りの自由化で業界を超えた自由競争にさらされ、費用をすべて電気料金に上乗せできる「総括原価方式」が事実上できなくなっている。その結果、採算が合う原発は早く稼働させ、また採算を取りにくい中小規模の原発は廃炉を考えるようになっている。

そして原発事業を成長戦略の一つにしてきているので、国内での原発の新たな建設が見通せない現在、輸出に拍車をかけている。英国への政府によるトップセールスもその一つであるが、この件については、関連する大手銀行幹部は、リターンがリスクに見合わないとしていて、政府が描く原発戦略は崩れかけていると言えるか。

③ なお、電力会社一一社の安全対策費は合計で四兆円を大きく超えている。四〇年超の原発の稼働などの影響があるためである

④ 大飯1、2号機（一九七九年稼動開始）の二〇年運転延長を、安全対策費超過などの理由

で方針転換を視野に入れ、廃炉も検討する（関電）

（大飯1、2号機は）二〇一〇、二〇一一年に運転を停止し、定期検診に入っていたまま停止の状態を続けている。関電としては、七基を動かすために八三〇〇億円超を投ずる計画であったが、大飯1、2号を動かすためだけの安全対策費（四〇〇〇億円以上）を加えるとさらに巨額になり、その安全対策費に見合うメリットが出せない可能性があるとの判断になりつつある。また二基を廃炉にしても販売量に対して供給には余力がある、との見通しも考慮しての廃炉、も視野に入れての検討である（一七年一〇月）。

⑤新基準―安全対策が新規制基準を満たすと認める審査書を近く公表するとされていたが、九月に安全対策に関わる審査書案が公表された

すなわち、

・全交流電源喪失に備え、外部からの送電線を三系統にし、非常用発電機や電源車を配置する。
・原子炉の冷却用に、減圧用の弁の改良や高圧でも抽水出来るポンプの配備。
・格納容器の破損防止として、フィルター付きベントなどの整備が必要。触媒で水素を減らし水素爆発を防止。―以上を準備する。

・しかし適合が認められても、再稼動までには二つの認可が必要で、すなわち、1.住民の避難計画、2.地元の同意、が不可欠であるとされている。また法的位置付けがないので、法的拘束力を持たせるべきである。そして、避難計画を含めて、原発は国策民営の事業であるため、国の責任において、国の判断、決定の下に置くべきである。

(2)バックエンド費用を含めての原発の本当のコストは？

①本当のバックエンド費用、そして正しいコストを計算する

まず、有価証券報告書よりの数値をデーターとして、自治体に対する補助金、交付金、技術開発費などを追加すべきものとして、

a八・六四円／キロワット時をベースとして、

b財政支出・技術開発費　＋一・六四円／キロワット時

c立地対策費　＋〇・四一円／キロワット時　　b＋c＝二一・〇五円／キロワット時

a＋b＋c＝一〇・六八円／キロワット時（次の基礎的バックエンド費用も算入済）。

（ただし、次元の異なる東電の大事故処理費は含まれていない）

バックエンドコスト　総合資源エネルギー調査会による資料をベースにして、「基礎的バックエンド費用」での不足分を、補正加算する。

―含まれているバックエンドコスト＝総合資源エネルギー調査会による計算値―

一八兆七八〇〇億円

・膨大な量の核汚染廃棄物がすでに存在していることもあり、政府発表のコスト計算値からは、その多くが不十分であり、次の通りに修正する必要がある。

・上記バックエンドコストの中で不十分と考えられる費目を吟味すると、適正な値のためには、さらに追加が必要。

■再処理費（一一兆円）―四〇年のコストが算入されている（六ヶ所村など）

工場稼働率一〇〇パーセント（基礎データーの値）は、現実レベル六五パーセント前後に修正の必要あり。ＭＯＸ燃料の再処理費も入れるべき（基礎データーに欠落）、他に、再処理に伴う関連諸費用（基礎データーで不十分）を入れて、すなわち、追加一兆五〇〇〇億円。

■高レベル放射性廃棄物処分（二兆五五〇〇億円）■ガラス固化体の計算が甘い（一体三五三〇万円は少な過ぎ、その三倍は必要）、輸送・保管を含め、他に、用地選定・関連設備、構築・建設等費・周辺対策費、ＭＯＸ燃料・高レベル・廃棄費用）（それぞれ四〇〇〇億円、一兆五〇〇〇億円、七〇〇〇億円—関連した廃棄の例より推定しつつ不十分の補正など）を入れて、すなわち、追加二兆六〇〇〇億円で、特に高レベル放射性の廃棄費用が多くなる

■その他（ＴＲＵ廃棄物処理、低レベル廃棄物処理、他に用地選択費・周辺対策費、原子炉解体費関連、そして使用済燃料中間貯蔵ＭＯＸ燃料加工など）、また、さらなる追加諸費用も加味する。原子炉解体費用が通常計上されていないのは、著しい問題。（一例三〇基〈実働予定二〇基を五〇基より引いて〉×五〇〇億円＝一兆五〇〇〇億円

〜五〇基×三〇〇億円＝一兆五〇〇〇億円）
■その他項目の比率は、経営計画作りの通例のプラクティスより三パーセント。
一八兆七八〇〇×三パーセント＝五六三〇（≒五〇〇〇）億があるが、控え目に、追加一兆五〇〇〇億円。
■追加安全対策費（現在〇⇒新規追加のため）すなわち、追加二兆四〇〇〇億円（二〇一五年七月に上方修正）。
■経営判断は低めに抑えるモメントが働くことを考慮。
これはリスク（危険性）は残るが安全性が増すとの設定である。

以上合計／一兆五〇〇〇億＋二兆六〇〇〇億＋一兆五〇〇〇億＋二兆四〇〇〇億＝八兆円。つまり八兆円が欠落しているので追加の要がある。

前記試算値、一八・八兆円を合算して、バックエンド総コストは二六・八兆円。（なお、参考までに、原水協でも廃炉費用合計三〇兆円の計算値を発表している）
・上記追加バックエンドコストの額を加えて、本来の発電コスト（負の資産の積み残しをしない場合のコスト）に至る計算は――、
この核廃棄物の処分は絶対に必要であり、また再処理などで、現実は多くの要素がコス

ト計算より外されている。高レベル・低レベルの廃棄物などとその処理の現時点での正しいコストの算入は必要なのである。また会計処理上も引当金などで適正な計上・処理が必要なのであり、ここでは推定を入れて計算を進めて、合計値も出している。

・さて、単価を出すための計算として、一〇年までの原発の発電量二七〇〇億キロワット時／年を、国の通常の年間の原発の発電量とみなす。しかし今後は再稼動基数は半減以下となり（二〇基以下）、かつ他の関連要素を考慮して（稼働率七五パーセントを考慮）、年発電量はその半減の、下記のように一三五〇億キロワット時／年 とする。また稼働機基が年期限とともにリプレースされるものとして、追加バックエンドコストは上記の通りの必要額八兆円である。

・したがって単位当たりの必要追加バックエンドコスト単価は、

八兆円÷一三五〇億キロワット時＝五九・二六円／キロワット時

四〇年償却として、五九・二六÷四〇＝一・四八円／キロワット時

■修正後（総バックエンドコスト・誘致コスト込み）の適正な合計の原発コスト

■一〇・六八（基礎的バックエンドコスト・誘致コストのみ算入）＋一・四八（要追加コスト）

＝一二・二六円／キロワット時。

■直近の政府発表の原発のコストは、一〇・七円／キロワット時。これはその前の一〇・一円／キロワット時よりも〇・六円／キロワット時引き上げられた価格である。なお、これに先立つ政府発表は、〇四年五・三円／キロワット時、一一年一二月八・九円／キロワット時、次に一〇・一円／キロワット時（前記）であり、バックエンド費用の引き上げを段階的に入れているようで、信じがたい値上がりである。

②廃炉処理について、通常運転の次の通りの廃炉にかかる処理費も多額に上る

なお、四原発の五基の廃炉計画の原子力規制委員会による認可─新基準による廃炉計画の認可は─

・廃炉作業のスタートとしては、

廃炉は、配管などに付着した放射性物質の洗浄から始めつつ、放射能付着の低い発電用タービンから解体する。

・放射性廃棄物の行き先は各社とも不透明である（決まっていない）。電力会社は「廃炉完了までに決める」としているが、所在県は県外での廃棄を求めている。

・使用済み核燃料は再処理に回す方針である（となっているが如何なものか）。

	【廃炉完了】	【見積額】	【放射性廃棄物】
敦賀1号機・日本原子力発電	二〇三九年度	三六三億円	一二七九〇トン
玄海1号機・九州電力	二〇四三年度	三六四億円	二九一〇トン
美浜1号機・関西電力	二〇四五年度	三二三億円	二三四〇トン
2号機・関西電力	二〇四五年度	三五七億円	二七〇〇トン
島根1号機・中国電力	二〇四五年度	三八二億円	六〇八〇トン
	＜合計＞	一七八九億円	二六八二〇トン

この放射性廃棄物以外に、国の基準値以下で放射性でないとして扱われるものが四三〇〇〇トンある。（二〇一八年四月）

・現在我が国のレベルでは、廃棄すべき高レベル核廃棄物は一六三六〇トン、使用済み核燃料棒は二七四〇〇本（近時データー）で、再稼動によりこの量は増加する。一〇〇万キロワット一基の原発稼働により発生する高レベル核廃棄物の量は、三〇キロ（固化体約三〇本分）／年、再稼動により今後一層大きな課題となる。

・時期は今後約三〇年の二〇四五年頃までと、トラブルのない原発でも廃炉には長期の時間と費用が重く圧しかかる。すなわち事故を起こした原発は当然、事故のない原発でもその処理の対応はたいへん厳しい。

(3)安全性確保のためのコストは顕著に上がっている

①揺らぐ原発再稼動

電力会社にとって原発の位置付けは揺らぎはじめている。

関西電力は大飯原発1、2号機（一一七・五万キロワット：一九七九年稼働開始）の廃炉を決めた。これまでは五〇万キロワット級の廃炉（六機）であり、一〇〇万キロワット超級の廃炉は初めてである。この機器の場合二〇一九年に四〇年超となるために、安全対策費が一基当たり一〇〇〇億円超のコストがかかるので、再稼動は採算に合わなくなっていることを印象づけている。三〇年度原発比率は二〇～二二パーセント を掲げているが、そのためには三〇基程度の再稼動が必要であるが？

・もし再稼動するためには安全性を上げる必要があり、安全対策費の増加のため、再稼動数に黄色信号が出始めているとも言える。

―計算してみよう―一基当たり二〇〇〇億円の安全対策費として、一〇〇万キロワットの原発・四〇年間、三〇〇日稼動として、何と約一・四円／キロワット時のコスト高となるのである。

② 原発の維持・管理費用（安全対策を含む）は未稼働原発の場合、五年で五兆円超の大きな支出がある。何と一兆円／一年の費用となる

・原発を現在稼働していない電力会社七社での原発の維持費が、何と五年間に五兆円以上かかっていることが判明している。この費用は電気料金で賄われている。

泊：三、東通：一、女川：三、福島第一：六、福島第二：四、柏崎刈羽：七、志賀：二、浜岡：三、島根：二、東海第二：一、敦賀：二　以上合計：三四基

そして費用の額は、東電：二兆六五八三億円、中部：五四九七億円、日本原電：五三八一億円、他、合計五兆九一八億円。

一方、稼動中の関西電力、九州電力、四国電力の三社は、二兆四七三〇億円を支出して

いる。

・原発は上述のように止めても多額の金がかかるとの不経済性があるのである。

・全体として、事故時にあった五四基のうち一四基が廃炉。残り四〇基のうち九基が稼働、さらに残り三一基のうち一六基は稼動を申請していない。すなわち、
五四－一四（廃炉）＝四〇、四〇－九（稼働）＝三一、三一－一六（審査請求なし）＝一五
となり、各電力会社で稼働の可能性を検討中である。詳しくは第六章の付表を参照。

・再稼働・廃炉の状況の整理

運転中・審査適合／九基―川内：二、高浜：二、大飯：二、伊方：一、玄海：二
審査容認／五基―美浜：一、高浜二、柏崎刈羽：二――計：一四基
審査中／一一基
合計：二五基－審査中を含む
廃炉／二一基
（詳細は第六章末尾の付表を参照）

・(1)で述べたように、大飯二基、伊方一基、福島第二で四基の廃炉が、近過去に決定している。一方、他の先進国の例では、米国三四基、ドイツ二八基の廃炉が決まっているのは、新しい反原発の動きとして、注視に値する。

日本の場合、安全対策費増による特に中・小規模の原発の採算性検討、活断層の存在・東南海トラフの恐れなどの要因がある（二〇一八年三月現在）。

(4)事業性の点だけからも原発再稼動を止める電力会社が出てきている―当然、脱原発をすべき多くの他の要素もあるが

・つまり、再稼動は進みつつも、一方廃炉に踏み切る会社も出ているのは、安全性確保のための投資が前述の通り必要となっているので、原発のコストが上がりつつあるのが大きな一因である。そして事業性判断・経営においてバックエンド費用は絶対に先送りされてはならず、すなわち負の資産の次世代以降への相続はあってはならない。

また今後、新建設はほとんど考えられないのは、コスト要因などとともに、国民世論を

反映して地方自治体の了解を取りにくくなっていることもある。

・なお深読みすれば、現代の国際情勢は、そして今後も日本には石油の不足はない。情勢を考えれば、第二次世界大戦時の「石油・エネルギー資源調達の必要性より」との対戦スローガン、あるいはまた、一九七四年の「ＯＰＥＣによる石油供給の削減に対する備え」などの、国際情勢・政治絡みの、「原発は、国のエネルギー戦略上必要」とのトラウマ（Trauma）からはやく脱却して、正しい、理屈の通る判断・対応をするようにならなければならないのであろう。

・ほとんどの先進諸国では、経済合理性不足の理由、核廃棄物の（最終）処理ができないなどの理由で、原発の新建設はしない方向になっている。

(5)近時の原発事業・他の状況――七章・再生可能エネルギーも参照

①輸出の現況

・二〇一一年のあれだけの大事故を起こして輸出を行うのは、事業・経営の倫理として、少なからず問題を感じるが、現在の輸出の試み・状況は次の通りである。

◆近時の原発輸出についての一考

■日立による英国への原発輸出の懸念

英原発を日英政府が支援する政策が進みつつあるのが懸念される。北海油田が枯渇するとの見通しがあり、国内には原発メーカーが残っていないことにより、日立が日本政府の支援を仰ぎつつ（英政府からも支援を受けつつ）、原発輸出（二基・アングルシー島に設置）を行わんとするプランが進みつつあり、二〇二〇年代（遅らせて二〇二七年）の運転開始を目指すが、着工するかどうかの判断を二〇一九年に下す予定である。

事業費は総額三兆円（二・四兆円）と見込まれ、日本側の負担は、日立の一五〇〇億円の出資、三菱銀行・みずほ銀行・三井住友銀行の他に、政府系の国際協力銀行などの融資を含めて、総額一兆四〇〇〇億の投融資の方向である。

日本側の全額を貿易保険制度の対象とし、国が実質的に保証する方向で調整する予定で、これは事業がうまくいかない場合には、実質的にツケが国民負担となり兼ねない。

両政府による大筋合意があるし、日本政府として、「原発輸出の試金石」と位置付けているので、日立としては止めにくい事情もあろうとの見方もある。しかし資金調達の面、採算計算の面などにより、実現には未だ多くのハードルがあろうし、そもそも福島の大事故を起こした日本が原発を海外に売ることに根本的な疑問もある。経営の品格に悖《もと》ることでもあろう（著者）。

■トルコへの原発プロジェクトの調査の延期

経産省と三菱重工で検討してきた原発の計画を一八年三月中に提出する予定を、トルコ側が内容に難色を示したので、七月以降にずれ込むこととなった。この件は首相が二〇一三年にトルコを訪問した時に、黒海沿岸のシノップに四基を造るとの計画を三菱重工を中心とした企業連合が排他的交渉権を得ていたものである。この計画は原発の輸出に止まらずに完成後の原発の管理・運営をも含むもので（ＢＯＯ－建設・所有・運営）、完成後に原発で発電された電気を売って建設費を賄う仕組みのものである。しかし建設コストは一三年当時の想定コストが四基　二兆円であったものが安全規制強化に見合う設備にするため四兆円に膨らんで（一基五〇〇〇億円→一兆円強に）、当時の想定電気料金では採算が合わないことや、トルコ政府が出資を含めて運営に参加することなどを盛り込むこととしたのでトルコ政府は受取りを渋って、再検討が要請された。安全性強化のためのコストアップの問題は、他の建設プランにも共通の課題であり、今後の電気エネルギー間の競争力を判断する上での争点となるであろう（一八年四月）。

▪このトルコでの原発プロジェクトに於いて参画の計画をしていた伊藤忠商事もすでに撤退の方針を固め、その見解を公表（一八年四月）。

なお、南部アックユではロシアによる建設工事が始まっている（一八年三月）。

▪東芝が原発機器輸出をウクライナの企業との間で交渉を始めた（一八年二月）、東芝はウエスチングハウス（WH）の経営破綻により、海外で原発を丸ごと作る事業（プラント輸出）からの撤退を決めているが、原発関連機器の輸出（事業経営には関わらない）はリスクは小さいと判断したものである。経営破綻をした事業に関連している分野への再進出はあまりにも経営に品格がなく、近視眼的に過ぎるのではないか（著者）。

▪リトアニアへの原発輸出（プラント輸出）も、建設コストアップと、脱原発への世論の配慮のため目途が立たなくなっている。このような計画はあれど行き詰まる例が、昨今世界各地で起きている。

▪日印原子力協定の調印を衆院外務委員会で可決、一七年五月に衆院通過にて可決。

日印両国は一六年一一月に日印原子力協定に調印しているが、「核実験をした場合に協定を停止する」との文言の明記がされないまま、単に関連文書に趣旨を記載するにとどまっている。インドはＮＰＴ（核不拡散条約）に不加盟であり、日本の核軍縮・不拡散政策が大きな転機（後退）をむかえることになろう。ＮＰＴ体制を弱体化させることは慎まねばならないのであるが（一八年五月）。

■インドは今回国産で一〇基（七〇万キロワット・出力）を増やすことを決めた。現在二一基が稼働中（六六八万キロワット）、建設中が六七〇万キロワットである。

また、原発事故は国際的には原発会社が責任を負うのが原則であるが、インドの法制度では原子炉メーカーに賠償責任がおよぶ可能性が大きいとの問題もある（一八年五月）。

■なお、首相の訪印（一七年九月）により、共同声明を発表。アーメダバード～ムンバイ間の高速鉄道建設のための一九〇〇〇億円の借款を供与、しかし原発輸出については、作業部会の設置を決めるにとどめた。

■ベトナムで、日本からの原発輸入計画を撤回することを同国国会で賛成多数で可決している。この計画は二〇一〇年に合意したもので、ロシアが二基、日本が二基の計画で、当初は一基目を二〇一四年にも着工予定であったもの。福島の原発事故以降に安全性を強化したプランにしたところ、建設費が約四〇〇兆ドン（約一兆九六〇〇億円）と、当初見込みから約倍増していること、そして核廃棄物の最終処分の懸念があることを理由としている。国の電力供給には支障はないとしている（一六年一一月）。まさに正しい判断であろう（著者）。

②六章、一章で述べているように、政府は第五次エネルギー計画で原発の依存度を可能な限り低下するとしているが、同時に「ベースロード電源として」位置付けている

政府の態度は進んで原発依存度を低減する姿勢ではない。しかしこの二章で述べているように、「原発は安い、儲かる」では最早なくなってきているし、大飯一号二号、また伊方原発二号のように、経済合理性を理由としての廃炉も出始めていることは、原発政策についての潮目の変化とも取れるのであり、素直に政策立案に反映してもらいたいものである。

③原発の事故発生に備えての避難計画の策定に、原子力規制委員会の審査が欠けているのは問題であり、政府の総括的責任（所管省）も関与がなければならない

大事故発生時は死傷者（事故時とその後・また内部被爆もあり）は多数、災害・被害は多大、事故時の現実は混乱が必至。また、適確な対応はほとんど不可能、平素の準備・訓練は足並み揃わず全く不十分。避難計画について、原子力規制委員会（と政府）の関与・審査がないが、これは必要である。アメリカのＮＲＣ（原子力規制委員会）にはその規定あり。

④わが国にとっては出遅れているが、期待出来る発電は、再生可能エネルギーである

・その一環であるが、原発を凌駕する再生可能エネルギーを伸ばすとき、それは持続可能なＳＤＧｓに通じるものである。

そして、二〇二〇年のオリンピックの運営においては、「ＳＤＧｓ・持続可能な開発目標」をしっかりと反映した、そして環境や人権を大切にした取り組みにすべきことが大会組織委員会で決められた。具体的には、例えば、

■競技会場、選手村などで使う電力は一〇〇パーセント再生可能エネルギーとする
■また、調達物品の九九パーセントはリユース・リサイクル品とする（３Ｒ）
■特に、東日本大震災の被災地の再生可能エネルギーを使うことも検討する
■表彰メダルは全て再生金属を使う

■「もったいない - Mottainai」などのサスティナブルにつながる価値観を発信する

以上、その普及が遅れている日本での再生可能エネルギーの普及につながる価値ある企画と考えられる（一八年六月）。— 七章の再生可能エネルギーを参照。

第三章

原発による汚染・内部被曝の悩みは続く

読者のいだく疑問

・あれから七年以上経っているので、内部被曝の恐れはもうないのでは?

・ヨウ素の半減期は八日と聞いたことがあるので、もう被曝の心配はないのでは?

・幼児、子供は放射能汚染を受けやすいと聞きますが、どうしてですか?

著者からの一筆

・おっしゃる通り、すでに七年以上も経ちましたので、被災を受けたことを忘れたいとのお気持ちはよくわかります。被曝は相当前のことなのですが、半減期がセシウムで約三〇年ですので、まだまだ安心はできませんね。

・またヨウ素の半減期は短いですが、内部被曝となってガンなどの症状が出るのは数年、あるいは一〇数年経ってからですので、申し訳ないですがまだ安心とは言えません。

医師による定期的検診をおすすめいたします。

・細胞分裂をしている組織ほど放射線に対する感受性が高い（DNAを傷つけられやすい）傾向があり、そして成長期にある子供は成人に比べて細胞分裂が盛んなので、DNAを傷つけられやすく、放射線の影響を受けやすいのです。幼児、子供については、放射能汚染をいかに注意してもし過ぎることはないです（子供は特に甲状腺に被害を受けやすい。(2)をお読み下さい）。

(1)今でも感じる内部被曝の悩み・後遺症

①福島県民（福島市以西も含む）共同調査　―「不安」が六六パーセント（一八年三月）

■放射性物質への不安　　不安である／大いに、ある程度⇓六六パーセント
（福島県全域について）　　　　（前年は六三パーセント）
　　　　　　　　　　感じていない／あまり、全く⇓三三パーセント

■原発再稼働への賛否　　反対 七五パーセント　賛成 一一パーセント　福島県
　　　　　　　　　　　　反対 六一パーセント　賛成 二七パーセント　全国

福島県内でも原発サイトより三〇キロメートル以上離れている地域をも含まれていることも考慮すると、福島県民の放射性物質に対する「不安」は依然として大きく、また原発再稼動も「反対」が大きいと言える。事故被災地の近くの数値では、放射性物質への不安はもっと大きい。

②直近の福島県調査で、一〇〇万人中、三〇一～四〇一人／年のガン患者の発生は、通常の〇～三人／年の発生に比べて、医学的また、現場感情的判断としては、「ガン発生の恐れあり」と判断できる（統計的有意性判断基準より優位にあるものとして）

大事故当時の核汚染の実態をあらためて見てみよう。当日の風の流れより、北北西に高濃度汚染が見られ、一九マイクロシーベルト／時以上の地域が三〇キロメートル以遠にみられ、通常の約二〇倍の一マイクロシーベルト／時が福島市を含む六〇キロメートル以遠にもみられていた。この地域の幼児・子供を持つ親御さんの不安（幼児・子供は大人の一〇〇倍以上も放射能被曝の影響を受けやすい）の大きさが感じられる。ＩＣＲＰでは被曝線量限度を一ミリシーベルト／年としており、上記の数値一九（～一）マイクロシーベルト／時は、これに相当するＩＣＲＰの被曝線量限度〇・一一五マイクロシーベルト／時（換算値）を大きく超えている安全でない値である。

③内部被曝が数年以上遅れてガンになっている実例を、チェルノブイリ原発（ウクライナ）事故で、今後の福島原発事故の先行例として検証してみよう

ベラルーシ（チェルノブイリの北北西約二〇〇〜四〇〇キロメートルにある国で、ウクライナと同程度の原発内部被曝を被っている）と、ウクライナと、福島との甲状腺ガン発生の対比をすると、

ⓐ1：ベラルーシ

子供（一五歳未満）のガン発生人数

　七歳以下　一六万人（時間遅れでガンが発生する〈数年〜一〇数年後－平均一〇年後ぐらいが発生のピーク〉であろう）

一九八六年　　一〜二人

一九九二年　　六六人

一九九五年（事故後九年目）　九一人

　九一／一六〇〇〇〇＝〇・〇五七パーセント

なお、一九九六年以降は事故より一〇年経過しており、事故の時、出生前または胎児で

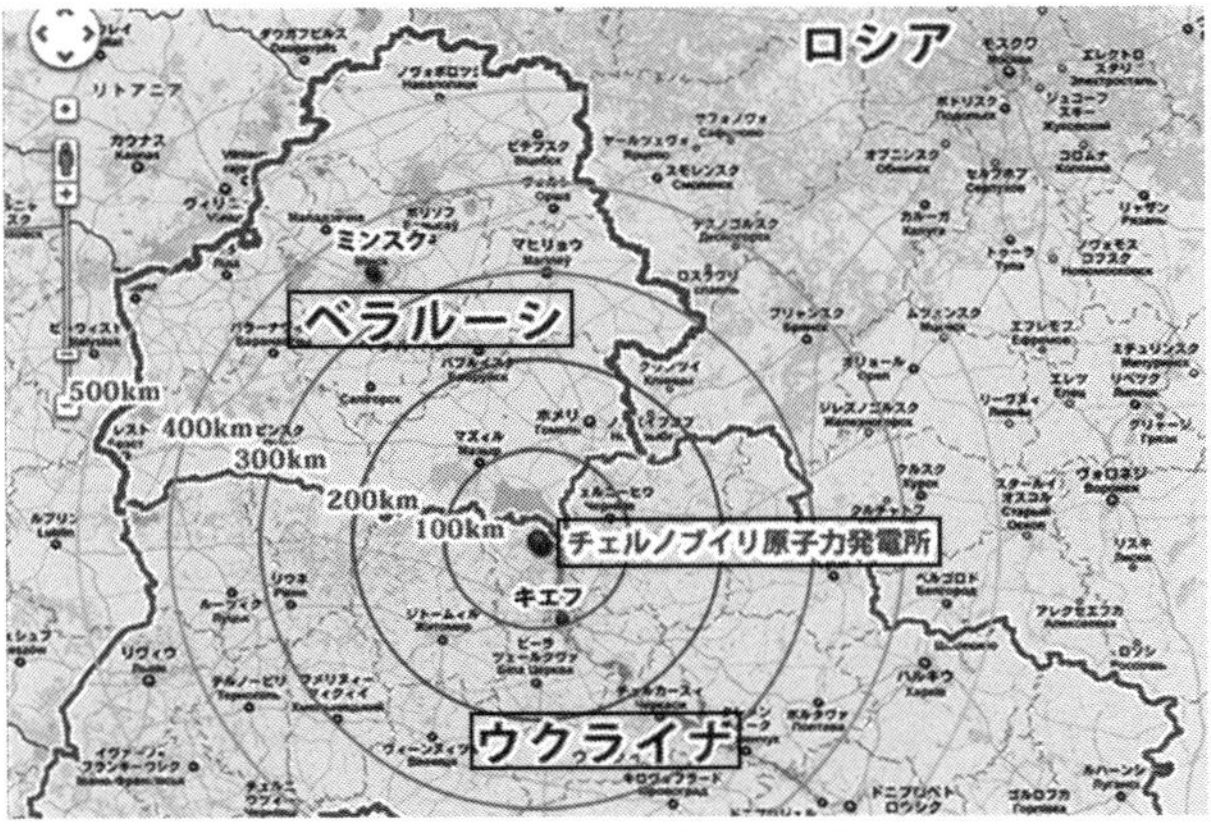

チェルノブイリ原発周辺図

あった人々（直接被曝していない）になるので減ることもあろう（ベラルーシ、ウクライナともに）。

ⓐ2：ウクライナ
一九八六年　〜三人
一九九二年　四二人
一九九五年（事故後九年目）　五三人　五三／一〇〇〇〇〇＝〇・〇五三パーセント
（一〇万人当たり）
〈被曝の激しいオイニキ地区では、六／一一三二＝〇・五三パーセント〉
・つまり、幼児・子供でのガンの発生が、数年から一〇年程度遅れて増えていることである。
ⓑベラルーシの国としての年間ガン発生人数（成人も含む）。このデーターの年度範囲においては年を追って増えている。
一九八六年　一八四人
一九九六年　六四〇人（事故後一〇年）

二〇〇一年　一〇六〇人（事故後一五年）―この年までの一六年間で合計：五〇〇〇人

■福島県：総人口二〇〇万人、一八歳以下二七万人、B1（嚢胞《のうほう》二・一センチ以上）
一八〇〇人、ガン疑い七五人
（第一次検査）―七五／二七〇〇〇〇＝〇・〇二八パーセント

■ベラルーシ：総人口九五〇万人、一八歳以下一二八万人、ガン疑い五〇〇〇人
―五〇〇〇／一二八〇〇〇〇＝〇・三九パーセント

・ラフな推定であるが、福島での比率の約一四倍の比率が、ベラルーシでのガン発生状況である（残念ながら福島でも事故後一〇年に向けて、ガン発生・甲状腺障害などが今後増える可能性を否定できない）。そしてガン発生などが幼児・子供で成人に比べて著しく大きいことである。

ⓒ福島原発事故での被曝は、次のように広い範囲にわたっていたことも上記のような放射能の怖さの遠因であろう。

■セシウム１３４、１３７の沈着量（二一年一〇月 現在）
半径二〇キロメートル　六五千ヘクタール（海側除く）　居住制限区域・長期帰還困難

区域　―　三〇〇万ベクレル／平方メートル以下
半径二五〇キロメートル　九八〇〇千ヘクタール（海側除く）　―　三万ベクレル／平方メートル以下⇓東京、千葉を含む関東の大半にも、量は多くないが、飛散して来ていた。

④　特異な比較例となるが、原発（事故によるケース）の放射能の量は、次のように原爆との対比も参考にしていただきたい

原発は事故が起きた時に著しく大きな被害をもたらす可能性がある。すなわち、

・原爆に匹敵する原発の潜在的危険性（特に大事故が起きた場合）

原発（東電およびチェルノブイリ事故）は、核汚染物質量を比較すれば何と広島原爆よりも多量に保有・排出していた。

＜単位・ペタ（15乗）ベクレル＞

	【セシウム137】	【ストロンチウム90】
広島原爆（参考）	〇・一	〇・〇八五
チェルノブイリ原発	八九	七四
チェルノブ原発／広島原爆（パーセント）	八九〇倍	八七〇倍

	【チェルノブイリ原発4号機】			【福島第一原発（1～3号機合計）】	
	ヨウ素131	セシウム137		ヨウ素131	セシウム137
炉心インベントリ	三二〇〇	二八〇	＜	六一〇〇	七一〇
放出量	～一七六〇	～八五	＞	一六〇	一五
放出割合（パーセント）	五〇～六〇	二〇～四〇		二・六	二・一

つまり、原発で扱っている核物質、そして可能性としての潜在的核汚染の危険性は原発において常に忘れてはならないことなのである。

(2) 忘れないでおこう放射能と人体に対する影響
― 被曝に対する悩みに備える

① 内部被曝をはじめとした住民が被っている災難、苦悩、身心の病

住民・被災者にとっての最大の関心事は「安全性」「安心」であるとの悲痛な訴えが、

七年経った今でもトラウマのように残っている。

②先ず人体の部位に及ぼす影響・許容限界―二〇一六年時の著書と差異はない

原発事故に関わる一般的に言われている放射能の人体に対する影響と、許容限界はいかなるものかみてみよう。

・放射能の半減期と身体に及ぼす影響

	【各放射性物質の半減期】	【生物学的半減期】
ヨウ素131	八日	一二〇日‐甲状腺
セシウム137	三〇・二年	一一〇日‐筋肉、骨、全体
ストロンチウム90	二八・九年	五〇年（骨）‐骨
プルトニウム239	二四一〇〇年	一〇〇年（骨）‐肺

・福島大事故における現実の放出量（当初の時期において）と、影響を受ける体の部分

	【福島放出量】	【影響しやすい体の部位】
ヨウ素131	一六万テラベクレル	甲状腺‐半減期八日：甲状腺障害・ガンの発生

〈ただし半減期が短いので、現在は大気中にはなくなっている〉
セシウム１３７　一万五千テラベクレル　筋肉、全体‐半減期三〇年〈ほとんど減らないので、厳しい対策が必須、筋肉の損傷、ガンの発生〉
ストロンチウム９０　一四〇テラベクレル　骨‐半減期二九年〈ほとんど減らないが、放射された量が少ない。しかし骨を損傷するので危険である〉
プルトニウム２３９　〇・〇〇三二テラベクレル　肺を損傷する‐半減期二四一〇〇年
以上が、原発事故時の、核分裂によって生じた放射性物質の量と影響である。

・すなわち最も身近には、ヨウ素による甲状腺障害であるが、他にセシウムによる筋肉、全体、ストロンチウムによる骨など、プルトニウムによる肺などへの障害（最悪はそれらのガン化）が考えられるのである。

③放射線被曝の度合い、健康に対する影響、限度

警戒を要する指標は次の通り。

・注目すべき「被曝限度量」―日本では、

※ＩＣＲＰ＝国際放射線防護委員会

通常の限度量　一般人（平常時）　年間一ミリシーベルト〈ＩＣＲＰの値と同じ〉
　　　　　　　放射線作業従事者　年間五〇ミリシーベルト
　　　　　　　　または、五年間・年平均二〇ミリシーベルト
原発事故時　　一般人（復旧時）　一～二〇ミリシーベルト〈ＩＣＲＰの値と同じ〉
　　　　　　　　ただし、妊娠した女性作業者は二ミリシーベルト以下
食品からの限度量　一般向け　年間一ミリシーベルト〈厚生労働省〉
自然界からの放射線量　　二・四ミリシーベルト（世界平均）
　　　　　　　　　　　一・五ミリシーベルト（日本平均）
（単位注記：〇・二三マイクロシーベルト／時×一二時間×三六五日＝約一ミリシーベルト／年）

④基準とする線量、使用される単位、シーベルト・ベクレル

厚生省の基準では？

・簡易な表現をすると、先ず、ベクレルは放射能の強さ（物質が発する）、一方シーベルト（ＳＶ）は放射能の量（人・地域が被る）である。

・食品についてのベクレル基準値（二〇一二年四月一日より施行）

食品についての下記放射能基準が厚労省より出されている。

年間一ミリシーベルトを受ける条件として許容できる強さは、食品類ごとにベクレル／キログラムであらわされる。

一般食品　一〇〇ベクレル／キログラム　（乳）幼児食品　五〇ベクレル／キログラム

牛乳　五〇ベクレル／キログラム　　飲料水　一〇ベクレル／キログラム

すなわち、一年間継続した時に一ミリシーベルトの内部被曝を与える値、あるいは一ミリシーベルトを超える内部被曝をしないような放射能濃度を基に算定している。言い換えれば、その限界(内)値は日常生活で自然から受けている変動幅の範囲内であるとも言える。

過去に比べれば改善はされてはいるが、ＷＨＯでの基準に「水」のレベルを合わせたとのことであるが、乳幼児が常飲している牛乳で、日本（厚労省）ではそれより高いレベルを許容しているのは、論理的に理解し難い（より危険である）。

なお、ヨーロッパ諸国での乳児用食品の基準の多くは一ベクレルである。日本の基準は、これなどに比べて改善後もまだ高い。

(3)健康に対する注意と配慮

―特に幼児・子供は最大限の注意を（福島での甲状腺調査を含む）

①一般的な被曝線量の体への影響を一覧表的にまとめれば

○・六ミリシーベルト	胃のレントゲン検査
一ミリシーベルト	一般人の限度量
二○～五○ミリシーベルト	避難区域の目安の被曝量（区分は一七年に終了）
五○ミリシーベルト以上	帰還困難区域の被曝量
二五○ミリシーベルト	作業員の被曝限度量
四○○○ミリシーベルト	五○パーセントの人が死亡
七○○○ミリシーベルト	一○○パーセントの人が死亡

・すなわち、人間の健康に急性障害（確率的影響）が出ると判断されている最低値は、一

年間で一〇〇ミリシーベルト、すなわち一〇〇ミリシーベルトが健康に影響がでるレベルである。また原発サイトにおける作業員の管理値は一〇〇ミリシーベルトである。そして二五〇ミリシーベルトで、白血球が減少すると言われている。そして福島原発事故処理の作業者が一回の緊急作業で曝されて良いとされているのはこの二五〇ミリシーベルトで、特例で定められている量である。三〇〇〇ミリシーベルトの照射で死の危険性が生じ、そして前記のように七〇〇〇ミリシーベルトではほとんど死に至る。

・放射性物質は、ウイルスなどと違って生きて繁殖するのではない化学物質である。したがって人の免疫システムで弱めたり、減らしたり出来ない。腎臓から尿で、腸管から便で排泄することで、内部被曝の影響を落とすことが主たる対処法である（生物学的半減）。欧米で放射性物質対策と称していろいろなサプリメントが出回っているが、厳密な実験データーを欠いている場合が多く、また人体に必要な微量元素をも排泄してしまうような、副作用もあるので要注意である。

・人体に対する放射線被害と影響を簡潔に集約すれば、「発ガン性、寿命短縮、老化現象の促進」以外に、脳神経系、免疫系、内分泌（ホルモン）系、筋骨格系など多数の病気に及んでいると言われている。

② 放射能による被害で特に重要なことは、子供・幼児に対する影響が著しく大きいことである

　幼児、子供については、特に甲状腺に被害を受けやすいため、放射能汚染をいかに注意してもし過ぎることはない。

・一般に、細胞分裂をしている組織ほど放射線に対する感受性が高い（DNAを傷つけられやすい）傾向がある。つまり成長期にある子供は、成人に比べて細胞分裂が盛んなので、DNAを傷つけられやすく、放射線の影響を受けやすい。被災者もインターネットなどで、子供に対する被曝の影響の大きさを知りつつ、帰還せずに、子供とともに新天地で生活をスタートしているケースは多い。

・ガンの誘発については、すべての臓器のガンは放射線により既存のガンの「数」を増加させる。放射線量と発ガン数はほぼ比例する。成人より幼児・子供の方が発ガン率が高く死亡率も高い。女性は生まれたときから卵子のもととなる卵子細胞をもっているので、放射線の影響が大きい。また、被曝年齢が五六歳以上は細胞分裂のスピードが遅いため、ガン誘発率は極めて小さくなり、白血病を除きガン発生率を増加させることはほとんどなくなると言われている。

・何よりも、日本の未来を担う幼児・子供が完全に内部被曝の被害を受けないことが重要である。

③ 当初の放射能に対する安心神話に対する疑問や疑念

「ただちには健康に影響を及ぼす量ではありません」あるいはまた「急性障害は起きません」と事故直後から言われ続けてきた。これにより多くの方々が安心し、結果的にその後、放射能汚染による内部被爆の恐れに悩み続けている。しかしたとえ被曝量がそんなに多くなくても、放射能の場合には後々に被害がでることが多いのである。五年〜二〇年経ってからガンになる人が出るのは広島、長崎の被爆者例、そしてチェルノブイリ原発の例が教えてくれるし、この福島の場合でも同様である。「被曝」のおそろしさとは、我々の体を作っている分子結合の何万倍〜何十万倍のエネルギーの塊りが体内に飛び込んで来て、我々が持っている遺伝子情報を傷つけるからなのである。さらに気をつけなければならないことは、低線量の被曝は高線量の被曝に比べて、単位線量当たりのリスクがむしろ高くなること。また被曝した細胞から被曝しなかった周辺の細胞に被曝情報が伝えられ、正常な細胞を傷つける現象もあることなどで、病院における定期的な検査、診察を受けて、必要な治療を受けることが望まれるのである。

④放射能による海への影響（被害）

陸地ばかりではなく、忘れてはならないのは、海側・海中での放射能汚染が著しく大きいことである（第一章(3)に詳細情報あり）。近過去にもどんどん汚染水の海洋投棄が行われ、「回遊魚」、「底物 - カレイ・ヒラメ、貝類」などの魚介類の汚染がすすんでいた。したがって今でもそれによる内部被爆には注意を要するのである。

⑤低線量の健康に対する影響について参考となる評価・判断の例

・国際放射線研究会議での報告で、全身被曝が一〇〇ミリシーベルトを超えるとガンのリスクが高まることは分かっている（広島・長崎の調査より）。

・そして、米国立ガン研究所および英ニューカッスル大の研究報告で、脳に五〇ミリシーベルトを被曝した場合、五ミリシーベルト未満に比べ脳腫瘍のリスクが約三倍高く、骨髄被曝でも脳腫瘍や白血病の　リスクが高かった。

・また他の発表では、ノースカロライナ大学の免疫学者スティーヴウイング氏によれば、被曝後の最初の五年で甲状腺異常、甲状腺ガンが顕著になり、次に肺ガンの上昇がみられ、そして一〇年で骨腫瘍、白血病、肝臓ガンが増えるため、一〇年以内にガンを発症する患者が、大きく増える可能性がある、としている。

そして他の研究チームも、二〇一六年六月世界保健機構（ＷＨＯ）に、低線量の被曝で白血病で死亡するリスクが増えるとの原子力発電所の作業員の調査結果を発表している。

また、ＷＨＯによる原発事故によるガンのリスク（二〇一二年一一月）、被曝により有意にガンが増える可能性は高いとは言えないが、しかし、福島県の一部での乳児では、事故後一五年間に、甲状腺ガン、白血病が増える可能性があるので心配である。

・これらを実践的に簡潔にまとめれば、低線量の放射能が人の健康に決定的に大きい影響があるとは言えないが、全く無いとも言えない。健康への負の影響を否定しきれないのである（赤ちゃん・幼児において特に）。故に「不安」が残る場合がたいへん多い。

⑥福島における甲状腺調査結果についての経過報道

・福島における甲状腺調査の結果（大事故発生に伴う被曝の影響を視野に入れて）

甲状腺ガンの検査対象・結果

◆対象一八歳以下　二七万人　※一次検査　超音波検査
ⓐ1：何もない
ⓐ2：嚢胞《のうほう》二センチメートル以下、結節五ミリメートル以下
ⓑ1：嚢胞二・一センチメートル以上、結節五・一ミリメートル以上⇓二次検査・精密な検査／採血・採尿
ⓒ：急いで二次検診必要

結果は約五〇パーセントに、ⓐ2がみられた。一八〇〇人にⓑ1がみられ、精密検査の上、一一五人に異常が認められた。―そのうち、甲状腺ガンの疑い七五人（良性一、疑い四一、甲状腺ガン三三）。三四人が手術を終え、三九人は手術を受ける見通し（二人は経過観察）。以上が一次検査の二〇一四年三月時点における結果である。

二次検査は、甲状腺ガンおよび疑いが、二〇一六年二月までで五一人。異常は一一六人（二〇一六年五月）、二〇一六年中に終了予定（一部報告済み）。

なお、放射性ヨウ素は半減期が八日と短く、被曝の状況、それによる影響も当座はほとんどが出ず、数年後以降に発生する可能性が多いので、当人・家族にとっては、たいへん気になる不安症状である。

(4)被曝、内部被曝のさまざまな、尽きない不安のまとめ

①一つの事例の引用

原発大事故直後の二〇一一年三月、トモダチ作戦の名のもとに、空母「ロナルド・レーガン」の乗務員が、津波に襲われた海岸地帯の災害地帯で救助・支援を積極的に行ない、米国よりの親善の活動として、国家間の外交・政治的友愛の証しとして国も国民も大変感謝したものである。しかし二〇一五年一〇月の新聞報道によると、当時の乗務員約二五〇人（二〇一六年五月報道・四〇〇人に増加）が、東電を相手取ってカリフォルニア連邦地裁に提訴している。スティーブ・シモンズ氏ら乗務員達は、放射性プルームの下で放射線を浴び、シャワーを浴びたり、脱塩水を飲んだり、汚染された海水で甲板の洗浄をしたりして、内部被曝をした可能性がある。そして帰国後同氏は髪の毛が抜け、膀胱不全を発症、典型的放射能被害の症状を呈し、また乗務員の中には二人の死亡も発生。この被害は東電による的確な情報提供がなかったため被曝したとして、提訴に踏み切ったとのことである。情報開示の不十分さを含めて、東電の姿勢に問題はなかったのであろうか？　放射能の危

険性はこんなところにもあり得るのであろう（二〇一六年の拙書より）。

②そして、大事故の避難者が受けている内部被曝の恐れに対する現実の事例

長引く避難生活より、身心の不調・心労を訴える声は多く、離婚に至ってしまう例も少なくなく、そして帰還の希望を持っていても現実には大きな困難が横たわっている。避難解除の出た地域でも、また線量が低下して帰還を考える場合にも、荒れ果てた住いの整備を初めとし、水道・ガス・電気・下水などのインフラとともに、他に生活手段としての食料品店、日用雑貨のショップ、病院・薬局、そして子弟と一緒の場合のための学校・公園が不十分な場合が多い。そして事業活動が極端に少ないため、帰還しても仕事がなく収入の道が閉ざされている場合が多く、さらに母子の他地域への避難により、生活は二重となり家計は窮迫するのである。またケースによっては、子供世帯が避難している高齢の父母は取り残され家庭崩壊も進んでいる。時には帰還解除に用意された学校や、始まっている仕事現場への、避難先の場所・住まいからのバスなどによる通学・通勤の例も多く、正常ではない事情も見られる。そして安全を選んでの核汚染を避けるための自主避難者には、公的支援が少なく経済的な困窮者が多い。これが原発汚染地域における実態である。すな

わち、被災者の苦労・心労は今日なっても続いているのである。

③さらに福島県における不安に関わる世論調査（一六年二月二七〜八日）の結果を紹介する

・放射性物質の、生活への不安―放射性物質が自身や家族へ与える影響／六八パーセント
・廃炉作業への不安―原発の廃炉作業で深刻なトラブルの起きる不安／八五パーセント

すなわち、被災者、多数の廃炉作業員にとっての原発の悩みは直近でも大きいのである。

(1)の③のように遅れて発症することに最大限の注意を要する。また合わせて七年経ったが、(2)のような半減期なので、内部被曝による発症は今後も常に注意しておくことが必要である。

④最後に、とてもご高齢の著名なＪ女流作家の発言

地震・津波は天災であるが、原発事故は明らかに人災である。そして「赤ん坊は無防備で天使のようだ。夫と離婚しても子供を守りたいという母の心情、そのためには関西に移住します」との言葉に心を打たれたとの発言は、被曝に関わる悩みの深刻さを物語っていよう。

第四章

核廃棄物の処理は全然進んでいない

―高速増殖炉や核燃料サイクルは問題がある

読者のいだく疑問

・高速増殖炉「もんじゅ」を廃炉すると聞くが、原発もこれから廃炉にすすむの?
・いったい、世界の現在ある原発の数、それから廃炉し始めている原発の数はどのくらいなの?
・地震・津波大国の日本で、核汚染物質の廃棄場所を本当に見つけられるの?

著者からの一筆

・「もんじゅ」は高速増殖炉です。技術的にとても難しく、世界のどの国も高速増殖炉の開発には成功していません。日本も失敗の連続でしたので、原型炉を廃炉にして開発を断念しました。しかし、そのことからだけで、通常の原発も同様に廃炉になると簡単に考えることはできません。
・現在、全世界中の原発数は四三九基、主要国は、アメリカ九九基、フランス五八基、日本四二基(廃炉を除いて)、一方、世界での廃炉(予定を含む)の数は一五六基で、現存数に対して約三六パーセントが廃止措置の対象です、廃炉の数がもっと増えると良いですがね、(1)をご覧ください。
・また、ご心配の核廃棄物の(最終)処理についても、日本では場所も、方法もなかなか見つけられませんので、マスメディアが揶揄して言う「トイレのないマンション」の状態は、当分の間続くでしょうね、困ったことですが……。

(1)世界の廃炉の現状―廃炉の数は増えている

前ページでも述べたが、現在（二〇一七年）の全世界の原発の総数は四三九基で、この原発数の多さは極めて問題である。比較参考のために、主要国の原発数の内訳をみてみよう。

・主要国（上位一三カ国）

一位／アメリカ：九九基　二位／フランス：五八基　三位／中国：四五基　四位／日本：四二基（廃炉を除いて）　五位／ロシア：三〇基　六位／韓国：二五基　七位／インド：二一基　八位／カナダ：一九基　九位／ウクライナ＆イギリス：一五基　一一位／スウェーデン：一〇基　一二位／ドイツ：八基　一三位／フィンランド：四基

以上、主要一三カ国合計：三九一基（全原発数の約八九パーセント）

①世界での廃炉（予定）の数一五六基（小型のパイロットプラントを含む）

現存数に対して約三六パーセントが廃止措置の対象、廃炉が何としてももっと進むことが絶対に必要である。具体的には一五六基が廃炉される予定で、すでに二三基が解体完了であり、この他に解体準備中のものも多い。特に廃炉に積極的なドイツのみならず、米国、フランス、イタリアでは解体開始を早める方向である。その一方で、二〇一五年一月現在でも建設中が七六基、計画中が一〇四基（願望的な数値の可能性も否定できず、疑問がある）もあって、すんなりと廃炉が進む情勢にはない。

・主要一一カ国の廃炉（予定も含む）基数の国別内訳は、

アメリカ／三四基　イギリス／二九基（実験炉込みの可能性もあり）　ドイツ／二八基
日本／二一基　フランス／一二基　ブルガリア／四基　イタリア／四基　ロシア／四基　カナダ／六基　スウェーデン三基　スロバキア／三基

以上、合計一四八基で廃炉予定数の約九四パーセント

・先進国における廃炉を進める傾向は際立っている。特にドイツ、イギリス。

・アメリカも同様の方向と思われるが、例外として、既契約のサザン電力は三七億ドルの債務保証入金を受けて建設続行のものがある。

・原発大国のフランスでも似たように建設を控える方向にある。
・すなわち、進んだ国々では、原発による環境汚染や安全対策のための建設費高騰、そして、次世代に廃炉、廃棄処理などの負の課題を先送りしない政策が取られ始めている。さらに、米国のシッピングポートの実証炉の廃炉の経験・知見が活かされ、米国やドイツでの二一基の解体撤去に反映されている。
・一方、中国やインドは建設を進めていて、中国は四五基（うち建設中二八基）、インドも二一基で、しかも建設をさらに促進する傾向がある。これはたいへん憂慮すべき問題である。廃棄方針のはっきりした先進諸国とともに、日本が率先して、核汚染の危険さ、核廃棄物の処理が不可能なこと、万一事故発生の際の被害の大きさ、恐ろしさを的確に伝えることが必要である。目先の儚《はかな》い経済性にとらわれず、自然エネルギーなど他の手段を選ぶべきことを主張、敷衍しつつ、原発建設を断念させることが重要である。それが国際社会で名誉ある地位（憲法前文に記載）を得られることに通じる（実利的に言えば、日本は中国の風下にあり、大事故発生時に、受ける放射能被害は限りなく大きい）。
なお、中国は将来目標九五基との別報告もあるが、情報の信頼度は低い。

・先進国では、「安全化投資のために建設コストが高くて原発の新建設は無理」と米エネルギー情報局長よりの情報があり、またフランスも新建設はなかろう（ラポンシュ仏エネルギー管理庁次長の談）と言われていることは注視に値する。

②日本の廃炉・核廃棄物処理の現状

・日本では、現政権の政策で再稼動は進みつつあるが、一方廃炉も確実に進んでいる。

廃炉済み／浜岡：二基　東海：一基　福島第一：六基（計：九基）

廃炉確定／敦賀：一基　美浜：二基　島根：一基　玄海：一基（計五基）

合計一四基（直近の廃炉七基を除いて）

③近隣地域での廃炉関連について

中国、インドが前述のように増設中であるが、一方、韓国、台湾は閉鎖・廃炉の方向になる可能性が大きい。

(2) たいへん困難な核廃棄物の最終処理

① 高レベル放射性物質の廃棄の仕方は？

高レベル放射性廃棄物の最終処分の形態は、適地と決定された土地に、放射性廃棄物を高温で溶かした比較的安定性のあるガラスと混ぜ合わせ、キャニスターと呼ばれるステンレスの容器の中で固めてガラス固化体にし、更に厚さ二〇センチメートルの炭素鋼に入れた上で七〇センチメートルの粘土で包む、そしてそれを三〇〇メートルの深さの岩盤に埋めるとの案である。しかし、多くの専門家の見解では、このような現有の科学知見レベルでの耐性物質での構造で、放射性の半減期が万年単位のものが多い核放射性物質に対してそのような長期に耐え得るのか、地震は通常地下一〇キロメートル以上の深さで発生するとき、三〇〇メートルの深さでは震動にのみ込まれるのではないか、また、東日本大震災（一三〇キロメートルの沖合で五〇〇ガル）以上のガル（新潟中越地震で二〇五八ガル、岩手宮城内陸地震で四〇二二ガル〈ギネス記録〉）の大地震に曝《さら》される可能性のある弱い地盤の日本で果たして大丈夫なのか。その脆弱さの懸念が後記の学術会議の提案に通じるのである（なお、種々のキャニスター類のものは中間貯蔵施設でも使われる）。

このような、高レベル放射性廃棄物の最終保存の容器・また仕方については、「特定放射性廃棄物の最終処分に関する法律」で、使用済み核燃料の再処理後の高レベル放射性廃棄物は地層処分という方法で最終処分することになっている。いわゆる、「地層処分」と言われている。ただしこれで良いかどうかについては、他で述べているように、日本学術会議では、暫定保管と総量管理を軸に政策枠組みをすべきことを提言している。

そして専門家の見解でも、このような現有の科学知見レベルでの耐性物質での構造で、放射性の半減期が万年単位のものが多い―プルトニウムの半減期は二四一〇〇年（人類の発祥・ホモサピエンスの時代に遡る時間の長さ）であり、（1／2^4）で約一〇万年かかっても1／16にしか減衰しない―すなわち核放射性物質のこのような最終処分の方法でそのような長期に耐え得るのか？　大地震に曝される可能性のある弱い地盤の日本で果たして大丈夫なのか、大きな疑問を感じるのは著者のみではなかろう。

目先の現実の問題として、日本では四〇年超の廃炉が四原発五基あり、その廃棄・最終処分の課題は問題となっている（四〇年超の原発再稼動という他の問題もあるが）、原発設備は運転により放射能汚染があり、それによる被曝を避けなければならない。一時保管中の使用済み核燃料の搬出作業から開始し、配管の洗浄を進め、解体の準備作業だけでも五年程度は必要と言われている。ついで発電用タービンなどの周辺設備の解体をするが、それに一〇年程度の時間がかかる。最も汚染の程度が高い原子炉本体の解体は作業を開始して約一五年経ってから始める。問題は解体処理によって生ずる廃棄物を処分・貯蔵する場所が現在どこにもないことである、この五基の廃炉処理だけでも二七〇〇〇トンの核廃棄物が出て、その行先きが白紙であることである。中部電力1、2号機は二〇一六年より始めてようやく原子炉周辺機器の解体作業に入り、サイト内の一時保管場所に仮置きしているのである。すなわち、この原発廃炉には、以下に述べるように、廃棄の作業と処分場の二つの超難題を伴っている。

・処分地について具体的にみてみよう。高レベル放射性廃棄物の今後の処理について、国が主導すると閣議決定をしている。科学的な有望地を自治体の判断を入れつつ、約二〇年をかけつつ文献調査、精密調査を行う方針である、文献調査の受け入れで、年一〇億円（上限）の交付金か出されるとの「飴《あめ》」である、科学的特性マップについても調査を受け入れる自治体はない。また早速、福島県、青森県などにより、自県は適用外であるとの（三〇年後に他地域に移管するとの国との契約ありと）アドバルーンが上げられた。すなわち、核廃棄物の処理の地域・場所は、現在まったく候補地のあてがないのである。

次に危険な核廃棄物の最終処理は、すでに、世界でも日本でも、研究・検討を進めているが、成功しているとはまったく言えない、このまま開発に成功しなければ、次世代に負の資産を引き渡すことになり、それはこの我々世代の大きな恥となるであろう。

・高レベル放射性廃棄物の最終処分の方法にまったく見通しがつかないので、高度な技術・開発により、核種変換などで隘路を打開できないのか、との希望的観測を国をはじめとした多くの関係者はもっている。しかしながらそれに対する成果は未だ見通せない。この問題を深堀りしてみよう。原子（の原子核）は核力で結ばれた陽子と中性子の群でしかないため、原子とその構成（核種）は分子ほど容易ではないが変化することがある。この変化を核変換（Nuclear Transmutation）と呼ぶ、そして原子炉の使用済み核燃料からなる高レベル放射性廃棄物はさまざまな核種を含んでいる、プルサーマルや核燃料サイクルを経て出てくる放射性廃棄物から、超長寿命核種であるマイナーアクチノイド（ＭＡ）や核分裂生成物（ＦＰ）を群分離した上で、数百年単位の短寿命核種または安定核種に核変換する技術の研究が、遡って一九七〇年代から進められている。日本では文部科学省が二〇一四年からＪ‐ＰＡＲＣの核変換実験施設で研究を始め、また理研が仁科加速器研究センターのＲＩビームファクトリーなどを活用して研究している。しかし現在までのところ、そして近い将来も、有効な成果は見られないであろうと、多くの専門家は見通している。

②廃炉での関連諸問題―外国の動向は？　日本での高レベル放射性廃棄物の日常業務的扱いの現状は―

高レベル放射性廃棄物は原子力発電所の使用済燃料を再処理する工程においても発生する。現在、日本において使用済燃料の再処理は、日本原子力研究開発機構（旧核燃料サイクル開発機構）の東海再処理工場はほぼ終焉している。一方、日本原燃（株）が青森県六ヶ所村に建設し試験運転段階（アクティブ試験段階）にある再処理工場において実施することになっている（今後の主力）。なお、六ヶ所村の再処理工場が竣工し運転が開始されるまでの間の経過措置として、再処理を英国ＮＤＡ及び仏国ＡＲＥＶＡ ＮＣの再処理工場に委託していて発生する高レベル放射性廃棄物は、ガラス固化して安定な形態とされた後、日本の電気事業者に返還されることになっており、AREVA NCからの返還は、相当量終了している。NDAからは今後一〇数年間にわたり、年一〜二回の割合で返還される予定となっている。

・核廃棄物の処分（特に高レベル）はまったく進んでおらず、日本の各原発会社も政府もそれに対する対応をほとんど進めていない。

③諸外国での高レベル放射性廃棄物の最終処理・貯蔵の仕方は

高レベル核廃棄物の処理については、その方法をドイツ、フィンランド、フランス、アメリカ、その他の国々でも研究・開発中であり、また暗中模索中とも言いうる難題であるが、日本は、そのレベルにも至らず、検討、構想つくり（核廃棄物処分場の地域選定も含む）もできておらず、原発所有国の中では最も遅れていると言えよう。大きな改善が必要である。

・廃炉作業の最も進んでいるドイツでは、グライフスバルト（ベルリンの北二〇〇キロメートル）で、旧東ドイツにあったソ連型の原発は安全性に問題があるとの理由で一九九五年に八基の廃炉作業を始め、核燃料、圧力容器などの大型設備の撤去を終えて、解体の終盤の作業を進めている。放射線量の高い約一万トンの廃棄物は四五〜六五年間、最終処分地が決まるまで中間貯蔵としてこのサイトで保存する。ドイツは二〇二二年に原発を全廃する政策を進めていて、世界で一番早い対応振りである（しかし、ゴアーレーベンの最終処分地案は再検討中〈二〇一六年情報〉）。

・また、フィンランドでは六基（うち三基は建設準備。それ以後の新設はないとの政策）の原発から出る九千トンの使用済み燃料を埋める予定の最終処分場「オンカロ（フィンランド語で〝洞窟〟の意味）」を建設中で、稼働中の原発からの核燃料を処分する世界最初の施設である。フィンランドは一九億年前に形成された岩盤上にあり、地震はなく、また活断層もなく、極めて安定している大地である（それに対して日本は千万年以内の新しい地盤であり、地震

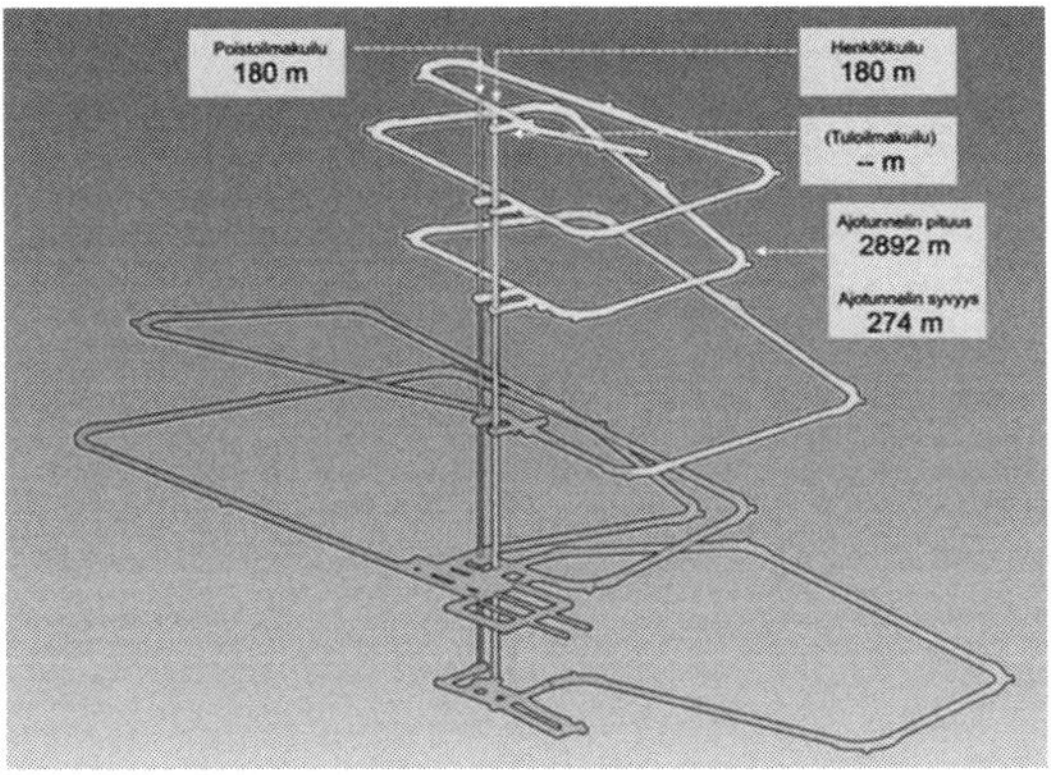

オンカロ：フィンランドの核燃料最終処分場

大国である）。そして二一〇〇年には完全に埋めて放射性廃棄物を隔絶する。

オンカロはフィンランド西側に位置するオルキルト島にあり、半永久的な最終処分場である。約四五〇メートルの地下で、五キロメートルのトンネルの先に設置される。

・フランスでは、一二基は発電停止炉、ラアーグの再処理施設で再処理中である。ビュールが処分場候補地で、地下四四五メートルレベルと四九〇メートルレベルの水平坑道群からなる。一億六千年前の地層（日本の地層より古く、地震はほとんどない）で粘土質、水を通さず、日本よりはるかに恵まれた条件である。約五年後に処分場建設が始まる予定。一〇〇年後までは管理するが、その後は封鎖する。再処理施設よりの核廃棄物の処理は、原発の処理以上の難しさがあると言われている。

・以上のように、核廃棄物の最終処理の方法については、ドイツ、フィンランド、フランス、アメリカ……などにおいても研究・開発中であるが、難題である。

著者は今より半世紀以前に大学の自身の卒論『原子力発電の実現の可能性と……』の中で、発生する放射性廃棄物の最終処理の難しさと放射性障害の危険性ついて注意を促していたが、現時点でも最終処理の問題が未解決の現実の課題となっていることに慨嘆しており、世界的に残されているこのテーマを、官・業・学によってより一層の研究・開発を強く推し進め、他国に遅れることなく、技術・開発に成功するように強く提言したい。

・すなわち、前述のように原発全廃の政策を進めていて、世界で一番早い廃炉対応振りであるドイツですら、ゴアーレーベンの最終処分地案は再検討中であり、世界最初の最終処分場を建設中のフィンランドでも、完全に放射性廃棄物を隔絶するのは二一〇〇年（今世紀末）のことである。さらにアメリカでも、ユッカマウンテンへの最終処理方針を取り下げている。このように最終処理の問題は、他のどの国でもほとんど未解決の難題である。

・日本は原発所有国の中では最も遅れていて、大きな改善が必要であるが、その対策の構想すらないのがたいへんな問題である。

④そして次に、再生処理施設の核廃棄物処理の困難さと廃炉の難しさ

日本原子力研究開発機構の「東海再処理施設」（茨城県東海村）で、目下廃棄処理を進めているが、その困難さは、原子力発電炉運転以上の難しさである。一九八一年に本格的運転を開始し、再処理を始めたが、一九九七年に爆発事故を起こし、二〇一四年に廃止が決まっていて、再処理施設の廃止計画（・最終処分）を原子力規制委員会に提出した。七〇年の年月と一兆円の廃止処理費用である。放射性廃棄物として約七万一千トンがあり、

極めて困難な作業である。はじめの一〇年間は、汚染が伴なう危険な作業のため、調査と安全対策工事が中心で、高レベル放射性廃棄物のガラス固化体化を行い、その後六〇年をかけて施設の解体、建物の除染作業などを進める（一七年七月）。

・東海処理施設の廃止計画が承認されたが、施設を運転して原発一〇基分の使用済み燃料を再処理してきたのは、核燃料サイクルにおけるプルトニウムの取り出し技術を磨くためであった。新規制基準に適合させるのが難しくなって廃止が決まったが、再生工場の解体は原発の解体よりもはるかに困難なので、七〇年はおろか今世紀中に解体を終わらせられるかどうか？　にならないよう強い覚悟と慎重さをもって、未来世代に負債を残さない作業で臨むべきである（一八年六月）。

⑤青森県六ヶ所村の再処理工場について

東海処理施設の状況の一方、青森県六ヶ所村では再処理工場の建設を進める計画が進みつつあり、新規制基準に適応させるための七五〇〇億円の費用増があり、総建設費は二・九兆円に膨らむとの情報もある。また処理能力が東海施設の四倍もあるのも問題。よもや発生したプルトニウムを使用しての、核爆発技術の研究開発を想定に入れているのではないであろうが……。

二〇一七年一〇月以降、非常用発電機がある建物内に雨水が流れ込んだ問題を受け、新規制基準の審査を中断をしていたが、一八年四月、原子力研究開発機構からの求めで審査が再開した。再処理工場の完成時期を当初一九九七年としていたのが、延期を繰返し、一七年一二月に二〇二一年上期完成に変更されていた。

しかし再処理工場を動かして良いのかどうか、中止を含めて議論すべきである。日本では、「もんじゅ」（原型炉）の廃炉をすでに決めており、燃料サイクル事業を進める正当性の一端がすでに破綻しているのである。ほかに経済性、安全性を欠き、先進国のほとんどがリサイクルを断念している。日本は英仏に再処理を委託してきた分を含めて、すでに約四七トン強のプルトニウムを所有しており、新たにプルトニウムをつくり出せる状況にはないはずである。

⑥廃炉に関わり考慮すべき大きな問題

「日本学術会議」の提言は、広範な国民が納得する原子力政策の大局的方針を示すことと、高レベル放射性廃棄物の暫定保管と総量管理の二つを柱に政策枠組みを再構築することが不可欠であるというものである。その根拠は、高レベル放射性廃棄物の完全な廃棄・処分は、現在の科学、技術で迫れる範囲を超えているとの判断だからである。そして暫定管理をする一方で、廃炉・核廃棄物処理の技術開発を行う（合わせて諸外国に遅れている日本も、短半減期への核種変換技術開発を行うとしているが、それについては難しいとの見通しもあるが）、ただし総量規制はする（＝原発再稼働をしない）である（著者も同意見）。

・このような廃炉の難しさがある故に、「廃炉が大きな産業になり得る可能性を持っている」、そして「日本が廃炉技術・廃炉産業で世界のトップになれるかどうかの岐路に立っている」と考えて政・官・財・学をあげて鋭意対策することが望ましい（著者も同意見）。

(3)高速増殖炉「もんじゅ」の中止と撤退

①「もんじゅ」の廃炉計画の認可

「もんじゅ」の廃炉は、約三〇年かけて二〇四七年までに行う計画を原子力規制委員会が認可した。高速増殖炉の廃炉は世界でもほとんど例がなく、課題は山積している。廃炉費用は一五〇〇億円でさらに人件費、維持管理費を加えて、計三七五〇億円（研究開発に投じられた費用はすでに一兆円）。廃炉での最初の課題は炉心に残る三七〇体の核燃料の取り出しであり、またナトリウムは水や空気と激しく反応するので、火災になっても水をかけられないことからその抜き取りも課題である（二〇一八年三月）。

②「もんじゅ」廃炉計画は難作業

日本原子力開発機構は「もんじゅ」廃炉計画を原子力規制委員会に提出した（一七年一二月）。それによれば原子炉に残っている核燃料の取り出しを二〇二二年までに終え、二〇四七年に廃炉を完了する計画。しかし高速増殖炉の廃炉の実績は世界でもほとんど例がなく、核燃料やナトリウムの取り出しはたいへんな難しさが伴うので（日本でのナトリウムの取り出しの例は皆無）でき得るかには課題がある。核燃料は原子炉内と貯蔵庫内を含めて五三〇本、放射性廃棄物は二六七〇〇トンがでる。総費用は三七五〇億円を見込んでいる。

③廃炉の決まっている「もんじゅ」の核燃料取出し

本年七月よりその取り出し作業を始めるとしている。高速増殖炉の廃炉は世界でも初めてで、水や空気と激しく反応するナトリウム使いの冷却材の使用のため、慎重な取り扱いが必要なので、計画通りに三〇年間で廃炉できるのか、地元では不安の声も上がっている。「もんじゅ」は、建設、維持に一・一兆円をかけ、廃炉費用は約三七五〇億円を見込んでいる（一八年六月）。

④「もんじゅ」撤退の要因とさらなる問題

高速増殖炉「もんじゅ」（原型炉）は、ナトリウムなどの液体状の金属を使う原子炉使いなので技術的に難しく、ナトリウム漏えい事故（一九九五年）を起こし、二〇一六年に至って撤退することを決定した。廃炉決定後の現在、冷却系ナトリウムの取り出しが構造的にできない仕組みになっており、今や廃炉それ自体が大きな難題となっている。

・しかし、高速炉の技術（ウラン２３８をプルトニウム２３９に「核変換」する）開発を今後も引き続いて進めつつ、核燃料サイクルを継続する政策としている。しかし増殖により、予想されていた原発燃料のウラン２３５の不足を補う狙いや期待もその需給関係より低下して、増殖のない（普通の）高速炉では大義名分もなく、結果的に処理する核廃棄物はさらに増えるとの問題を引き起こしてしまう。

⑤核燃料サイクルの問題点

多くの各国で核燃料サイクルが実用化しないのは、ⓐ高速増殖炉の安全性に問題がある。ⓑプルトニウムが核兵器の材料になる。ⓒ高速増殖発電は経済的に見合わない（近年、通常原発の新たな建設も、経済性不足の故に先進国ではほとんど行われていない）。日本の前記方針は世界の流れとは異なっている。

・なお、「もんじゅ」の原型炉の廃炉後に、実証炉とは別次元の話として、県内に小型の研究炉を新設することが検討されている。原子力工学に力を入れつつある同地の福井大学よりの要請を受けての検討である。

⑥「もんじゅ」の廃炉計画に対する原子力規制委員会の審査を強化

まず原子炉からの難航が予想されている燃料取り出しについて、従来の規制範囲を拡大し、監視を強化する検討を始めた。これまでは燃料の取り出しが廃炉計画に含まれていなかったが、「もんじゅ」では審査対象にする方向で規制を見直す（当然である）。もんじゅの廃炉計画において、五年半かけて原子炉から三七〇体の燃料などを取り出し、その後廃炉作業に入る。

・文科省は「〝もんじゅ〟から一定の知見が得られた」と強弁するが、二〇年をかけ一兆円（より正確には一兆一三〇〇億円）を費やしほとんど動かせず、さらに三七五〇億円の廃炉費がかかるこの開発は失敗であり、正確な総括がここでも必要なのである。文科省が四年前に原子力委員会に提出していた資料によれば、その達成度は、機器・システムの試験関連が一六パーセント、炉心・照射関連が三一パーセント、運転・保守関連が〇パーセント、総合の達成度は一六パーセントの低さであり、「一定の知見が得られた」とは言えないであろう。

【費用内訳】　建設関連／五九〇七・九億円　保守管理費／四三八二・六億円　人件費／五九〇・四億円　その他／四三二・六億円　合計／一兆一三一三・六億円

⑦燃料サイクルに対する疑問

燃料サイクルを今も掲げ、高速炉の研究・開発を続けるのは、再処理工場が動かなくなって使用済み核燃料の行き場がなくなると原発再稼動に影響するからと、政府は考えているからであろうが、六ヶ所村の再処理施設は未だ成功していなく、仮に再処理工場の稼働が成功しても、その稼働はかえってプルトニウムなどの核廃棄処理物質を増やすので、技術的にも経済的にも日本にとって核燃料サイクルの開発・推進は大いに疑問がある。その上、日本の現有プルトニウム量は約四七トンで、国際的批判をも受けている。すなわち、高速増殖炉の技術的難しさも踏まえて、高速炉を含め、核燃料サイクルより撤退をすべきでなかろうか（著者）。現に先進国のドイツ、アメリカ、イギリスはすでに撤退し、フランスもＡＳＴＲＩＤまで一時高速炉を中断中で、高速炉を開発中なのはロシアのみである。

・なお、ＭＯＸ燃料使いによるプルサーマル発電にしても、それは技術的にも制御棒絡みで効率が悪化する問題があり、燃料処理費もウラン燃料の一・五〜一・八倍と高く、発電コストも一〇〜二〇パーセント高くなる問題があり、経済的にもメリットがないのである。

⑧プルトニウム保有に上限

二〇一八年七月一六日に日米原子力協定の期限を迎えたが、自動延長になっている。しかし現在の我が国のプルトニウム保有量は四七トンと、すでに大量で、米国はじめ諸外国よりの批判（削減要求）を受けている（プルトニウムは原爆の原材料でもあり、たいへんな危険物である）、日本政府の責任として、現在の保有量を「上限値の枠」とし、それ以上には増やさず、今後は総量規制を徹底する必要がある。高速増殖炉実験炉「もんじゅ」が挫折し、したがってプルトニウムの消費は代わって、MOX燃料使いのプルサーマル発電に頼るしかない（しかし高レベル放射性廃棄物が作られてしまうが）。現在二・九兆円をかけた六ヶ所村の再処理施設の運転開始が始まると、年八トンのMOX燃料が作られるが、そのためには計画の一六〜一八基のプルサーマル発電が必要となる。しかし、現在プルサーマル発電の導入は再稼動した九基のうち四基に過ぎず、プルトニウムの量が増え過ぎる懸念が生まれてしまう。またプルサーマル発電はペイしないとの収益性の問題もある。そこで計画通りの全量の再処理が必要かの疑問が生ずる。さらに現在のウラン市場からして、プルトニウム発電、そして核燃料サイクルをすることの経済的合理性も疑問となってくる。政府としては難しい舵取りを迫られるのである（一八年六月）。

なお、世界のプルトニウム保有量は五〇四トンで、日本の所有量の四七トンは九・三パーセントに当たり、原爆非所有国としては論外に多く（アメリカの所有量すら四九トン）、削減することが義務付けられよう。そうした状況下で、日本原子力委員会（内閣府所属）は削減方針を一八年七月三一日に決定した。

(4)世界での高速増殖炉の未(不)成功

①各国の高速増殖炉の開発状況

- 日本／「もんじゅ」の中止。
- アメリカ／増殖炉のグローバル原子力パートナーシップ（ＧＮＥＰ計画）を提唱したが、二〇〇九年に計画凍結、また断念。
- イギリス／閉鎖、開発計画なし。
- ドイツ／メルケル政権は原発（高速増殖炉を含めて）断念、計画なし。
- イタリア／高速増殖炉の計画なし。
- フランス／差し当たっての廃止を決定。しかし二〇二〇年に運転再開予定。
- ロシアではＢＮ１２００商用炉（二〇二〇年の運転開始目標）など高速炉の開発を強化中。注意を要する動きである。
- インド／フランスの技術を導入。二〇三〇年までに高速増殖炉を建設予定。
- 中国／ロシアよりの技術で開発中。要注意の動きである。

以上が、各国の高速増殖炉の開発あるいは中止の現状である。日本も高速増殖炉の技術的な成功の可能性はほぼないに等しいと判断される。

②日本の今後の開発へ向けた動き

現在ある我が国の原子力政策大綱で「二〇五〇年に高速増殖炉を動かしたい（何と三〇年以上先）」との、遠い将来の願望的目標に示されているように、日本の高速増殖炉は休眠が続く状態である（参考：ＦＢＲ - Fast Breeder Reactor- 高速増殖炉）

③フランスは高速炉計画を縮小へ

高速増殖炉「もんじゅ」（二八万キロワット）の挫折、廃炉を決めるとともに、日本はフランスのアストリッド（ＡＳＴＲＩＤ）開発計画への数千億から一兆円の投資額の折半を模索してきていた。しかしながら、フランス政府は、従来の六〇万キロワットの容量から一〇~二〇万キロワットの容量に落して建設を行うかどうかを二〇二四年に判断するとのプランに変更した模様であり、フランス原子力代替エネルギー庁のニコラドゥビクトールが経産省との会合で明らかにした。同氏によれば高速炉は普通の原発（軽水炉）に比べべて経済性に劣り、現状のウラン市場では実用化に「それほど緊急性はない」との指摘である（実用化は二〇八〇年頃を目指す）、しかし日本としては、「もんじゅ」が二八万キロワット容量の実験炉であったし、今さら一〇～二〇万キロワットの容量へ落したもので成果が得られるかどうかが疑わしい。また海外の計画に頼っての増殖炉開発を続けることには無理があるとの厳しい意見も見られる。この際核燃料サイクルそのものの再検討も必要ではないだろうかと（不要との）の指摘もある（一八年六月）。

(5)まとめ―困難な核廃棄物の最終処理の問題
―そして核燃料サイクルの問題

核廃棄物の最終処理の困難な問題は前述の(2)で述べた通りたいへん難しく、世界のどの国でも未だ成功していない。しかし先進諸国では原発の廃炉が進み始めており、もしそのような傾向が強く進めば、核廃棄物の（最終）処理の難しさが少しでも和らぐことになる。

原発の廃炉が少しでも多く進み、核廃棄物の発生が少しでも抑えられ、核廃棄物処理の問題、「トイレなきマンション」の状態が減ることは第一に大切であるが、しかし、すでに蓄積した核廃棄物の処理ができない状況は残念ながら今後も続くであろう。

高レベル核廃棄物は大量、約二万トンにのぼる。また参考までに汚染土は何と約一八〇〇万トンである。

① 廃炉ごみ処分地は未定

「高レベル放射性廃棄物」の他に、「低レベル放射性廃棄物」が発生するが、大手電力七社の何れもが処分地を確保できていない。通常の原発運転によって生ずる低レベル放射性廃棄物は六ヶ所村にある「低レベル放射性廃棄物処理センター」に埋めることができるが、空き容量に限度がある。廃炉作業で出た分は各電力会社が処分する決まりになっている。一一〇万キロワットの原発の廃炉で約一万トン超の低レベル放射性廃棄物（L1〜L3）が出るが、処分地の確保はまったくできていない。そして現在一七基の廃炉計画があり問題の対応が迫っている（そして上述のように「高レベル放射性廃棄物」の廃棄問題がある）。

②日本の対応

日本の対応のあり方としては、核廃棄物の廃棄の場所を日本では見つけるのは特に難しい。それは六章で記述しているように、断層、地震、津波との地勢的な危険があることが一因であり、したがって前述のように日本学術会議の提言に則り、暫定保管と総量管理を行うことが今のところ最善と思われる。

③〝核のごみ処分においては原発推進と切り離せ〟との提言（朝日新聞二〇一八年六月）

三年前に決められている法律には、「原子力の適正な利用に資する」との原発推進に偏った条文が入っている。しかし各種の世論調査では、原発再稼働への反対が多数を占めていることを考えれば、この姿勢では、最重点課題である「処分地を探す」ことに対して地域の民意を反映する立場の自治体の理解は全く得られない。拒否条例を制定した町村もある。日本学術会議も二〇一五年に出した提言で、処分地の選定については独立性の高い第三者機関によってすべきとしているのである。この最難関の課題に対応するためには、先ずは脱原発派の意見をも柔軟に取り入れられる、第三者委員会を設置するという提言は有意義であろう。

④核燃料サイクル問題に対するスタンス

核燃料サイクルの問題としては、前述のように、高速増殖炉には問題が多く、技術開発の確立ができていない。他国の開発・撤退をみるとき、我が国としてもこれ以上の運転・開発を続けることに見切りをつけて、撤退・中止すべき（技術者の面子をかなぐり捨てて、またすでに一兆円の投資をしてしまっていることに捉われずに）であったはずであり、原型炉の「もんじゅ」については、中止・廃止することとした、しかし核燃料サイクルを諦めきれず、実証炉などの研究開発を進めることとなっているが、それが妥当かどうかの基本的再検討が必要であろう。すでに発生しているプルトニウムは、基本的には廃棄・最終処分の対象とするのが良い。また補完的には前記のようなＭＯＸ燃料とし、プルサーマル稼働によって漸次プルトニウムの所有量を少しでも減らすべきであるとの見解もあるが（原発再稼働するとしても）、しかし基本的には再稼働をしないことが、プルトニウムの所有量の削減にも通じるのである。そして、核燃料サイクルを捨てきれていない現状は未だ問題である（継続検討の方針ではあるが）。

・なお、このように高速増殖炉が不成功のままの使用済み核燃料の再処理（継続または再開）は、プルトニウムの排出・保有の増加につながり、その毒性が大きいことの危険とともに、核兵器への利用に道を開くこととなるとの指摘を、一部の外国より強く警告を受けている。

⑤「もんじゅ」を中止した現在、使用済み核燃料の再処理は必要ないのでは―廃止の方向へ検討すべきなのではないか

「もんじゅ」を廃止する現在、再処理工場がスタートできて（現在停止中）操業を始めると、プルトニウムが蓄積されることになる。すでに四七トンを超える量のプルトニウムを所有している日本にとって「核不拡散」の点からも、その量が増えることは世界の目には強い批判の対象になるであろう。

・参考として、トーマス・カントリーマン（核不拡散担当の元米国務次官補〈二〇一一年九月～二〇一六年末〉）も、「再生エネルギーのほうが原発より将来性がある。また核燃料サイクルが問題である。再処理より直接処分のほうが安く、米国も再処理は止めている」と述べている。

⑥ 政府への期待

前述のような核廃棄物の処理と、核燃料サイクルそして高速増殖炉（核燃料サイクルの一部とも言える）の関係は、極めて深く関わり合っている。ある面で捉えれば、核廃棄物の処理を軽減するために核燃料サイクルを画策しているとも言える。増殖炉が成功しないまま稼働を続けると、核廃棄物の処理量が一層大きくなる。つまり問題がさらに大きくなるのであり、政府の「過去よりの悪しききずな」にとらわれない正しい判断、すなわち核燃料サイクル中止の判断を強く期待したい。

⑦ 日本学術会議の提言

日本学術会議は、(2)の⑥で記述したように、高レベル放射性廃棄物の暫定保管と総量管理の二つを柱に政策枠組みを再構築することが不可欠であると提言した。その根拠は、高レベル放射性廃棄物の完全な廃棄・処分は、現在の科学と最新技術をもってしても対処できる範囲を超えているとの判断だからである。そのため、当面は暫定管理をし、かつ総量規制をする（原発再稼働をしない）のが妥当であるとしている（著者も同意見）。

第五章
東電の大事故問題――廃炉処理・総費用など難題山積

読者のいだく疑問

・オリンピック誘致の議場で総理が「……is under control」とボディランゲージをまじえて高らかに福島の安全性を発声しましたが、実際は全体として崩壊が今でも生々しい！

・もう七年も経ったが、元通りになるのはあと何年ぐらいかかるの？

・事故現場、人々の生活実態から相当多額の費用がかかっているようだが、どうなの？

著者からの一筆

・おっしゃる通りに、確かに総理は、大事故はすでに「Under control」と陽気に表現しましたね。しかし事故サイトは、東電の人々が現在四苦八苦しつつ対応・処理をしているところです。また被災者にとっては、まだまだ長期にわたっての御苦労が続いているのです。

・事故サイトが本当に整備されるのには、これから三〇年以上かかるかもしれません。

・ご心配の処理費用は、事業関係者が当初は五兆円の規模を発表していましたが、その後何度か引き上げて、今では二一・五兆円に変更しています。最終処分まで考えればもっと増えるかも知れませんね。

本章(3)、(4)をお読みください。

(1)東電の事故・廃炉の全体像、あらまし

①はじめに、過去一年の間に廃炉対応の基礎的活動が行われ、ロボット使用による核納容器内の実情調査も初歩的段階とは言え進み、単なる理論的推論より一歩前進した。また関連した炉周辺の整備・除染などの諸活動も行われてきていて、不成功の部分を含めて少しずつ変化している。現在の廃炉活動のあらましは次の通りである

・ようやく事故後六年に至って、原子炉・格納容器内部がロボットで僅かに観察できるようになり、核デブリの取り出しを二〇二一年より始めるとの東電の予定であるが（これは当初の理論・推論によるスケジュールに近い）、核デブリ取り出し作業の大きな困難さがあるため、今後このスケジュールで実行できるかどうかの疑問があり、また最終的に何号機より始めるのかも、今後の調査結果待ちである。

・廃炉に先立って（あるいは並行して）、原発サイトの可能な限りの汚染の削減（廃炉作業の安全のために）、汚染地域の除染と今後の中間貯蔵場所への移送などが必要である。

作業安全のために各機の周辺の除染・整備により、炉機器周りの線量は過去に八〇〇ミ

リシーベルト／時であったものが、二〇一七年には三〇〇〜二〇〇ミリシーベルト／時になっている。

② 大事故現場での作業は困難・汚染のたいへんな危険を伴うため、改良ロボットで、調査・準備作業を進めている

・核デブリ取り出しに伴なっての報道（二〇一七年三月）によると、先ず、ガレキの処理（主に高レベル放射能）を行い、さらに原子炉、建屋絡みのデブリの最終的処理を行う。
また現場周辺には壊炉から多量の核汚染廃棄物が発生、排出されているので、その処理も必要である。その中には次のような汚染廃棄物もある。

■事故現場で増え続けている汚染水、地下水の対応（高・低レベル放射能）

■現場周辺の生活地域・農地での汚染物除去・整備と除染（主に低レベル放射能）

現場は、想像を絶する巨大な廃構・廃墟となっており、周辺も荒廃状態にある。

整理して言えば、原子炉・建屋（1、2、3、4号機）の廃炉・処理、デブリ、ガレキなどすべての処理を行って、最終的に整地するということである。

・そして廃炉手順（各基に共通）は、

ⓐ各基周辺の一次的整理（除染を含む）ⓑ保管プールからの燃料棒の取り出し（ただし4号機は事故当時運転停止中だったので取り出し済み）ⓒ配管、機器の除染ⓓ放射線が弱まるまでの安置ⓔ機器の部分的解体、核デブリの取り出しⓕ炉の取り壊し、解体撤去

この間、一〇数～数一〇年を要す。

③凍土壁《とうどへき》対策（東電福島第一原発）の検証

・二〇一四年に建設を始めた凍土壁は、二〇一七年工事の完了とともに凍結を始めた。全長一五〇〇メートル、深さ約三〇メートルにわたって凍らせる「氷の壁」で、それにより原子炉建屋に流れ込んでくる高濃度汚染水の増加を抑える効果を狙っているもの。当初の汚染水量は約四九〇トン／日であったが、井戸設置、その他の諸工夫により、凍土壁完成前に一八九トン／日に落ちていた。それがさらに凍土壁完成により九三トン／日に減少、すなわち、汚染水発生量は約四〇〇トン減、凍土壁効果は約九六トンとの評価結果である。

(2)廃炉処理の難しさ・廃炉スケジュール

①廃炉(作業)の全体としては

・原発機器(原子炉、格納容器など)の烈しい損壊のために、事故より六年経った時点で、はじめて2号機および3号機の内部をロボットで僅かに見ることができた。その結果については後記の通りである。核デブリの量、成分、形状、分布、汚染度などを、より精確に把握した上で、具体的工法の大枠を一八年夏に決めるとの東電の予定。

格納容器を水で満たして、放射能を遮りつつ核デブリを取り出す計画となるであろうか。

②ロボットによる調査が少しずつ進みつつあるが

1~3号機についてロボット調査をしていたが、前述のように事故後六年にしてやっと2、3号機の格納容器内の状態が見られた。東電としては貴重な第一歩が得られたと言っているが、水底にたまったデブリ(破片、屑、ゴミなどの意味)の量や、状況の把握はこれからである。核デブリとは核燃料が圧力容器内の構造体の溶融部材と混じってデブリとして出てきたものである。上記のように東電としては核デブリをどのように取り出すかを二〇一八年夏にも決め、次年には具体的な工法を決定し、二〇二一年に1～3号機の何れかで、実際に取り出しを開始するとの長期計画を定めている。しかし前原子力規制委員長（一七年九月に退任）は「デブリの取り出し方法を確定できる状況にはほど遠い」と厳しく指摘していた。

③ 1～4号機の状況について

【1号機】二〇一一年一〇月に、放射性物質飛散を避けつつ格納容器内を調べるため設置していたカバーを、二〇一六年九月までに解体する作業を開始、同年末に終了。3号機とともに格納容器の中の水位が高い、他の号機と同様に、内部調査の上、プールの中に残る核燃料棒や核デブリを取り出す作業を進める。核燃料棒三九二体が残存（格納容器内線量は過去の推定値で四・一～九・七シーベルト／時⇓状況判断が甘いか?）。

【2号機】事故時に爆発はなかったが、建屋上部に多量の放射能があるので、建屋上部の切り取りが必要と考えられている。昨年の宇宙線による透視調査により一次的に圧力容器

の中を推定したが、二月になってロボット「サソリ」による遠隔操作・撮影によりはじめて炉心内の実態調査を行った。映像は水分で白く曇り、放射線の影響でチラチラと乱れた。高い放射能の影響でロボットは二時間ほどで機能不全となり、炉心直下に到達できないまま炉内に放置された。その際のカメラ映像の解析により、六五〇シーベルト／時を推定、また圧力容器を支える円筒状のコンクリートの外側でも五三〇シーベルト／時を観測。核デブリは原子炉圧力の直下だけではなく、広範囲に広がっていることが懸念され、その安全な取り出しの困難さが危惧されるに至っている。また「サソリ」による黒いかたまりが実測値で二一〇シーベルト／時を測定。それは人が一分弱で致死量に達する線量である。核燃料の六〇～七〇パーセントが格納容器の底部に落下している。（一七年二月に観測実施）。核燃料棒六一五体（格納容器内線量は過去の推定値で最大七三 シーベルト／時）。

【3号機】前述のように、3号機についてはじめて、格納容器内の状態が水中ロボット（「ワカサギ釣り形」とも言われる）による撮影で見られた。炉心で二〇〇〇度C以上になった燃料の一部が、炉心圧力容器の底を突き破って床に落ちたと考えられる。核燃料はほぼ全量落下し、底部に相当量たまっている。水位は六・四メートルくらい、深いと報道されて

いる。核燃料棒五六六体（格納容器内線量は過去の推定値で一シーベルト／時⇒状況判断が甘い）。

【4号機】地震時に稼働停止中であったため、核デブリはなく、燃料棒の取り出しはすでに済んでいる。核燃料棒一三三一（未使用）＋二〇四（使用済み）計一五三五体。

④廃炉絡みのスケジュールを含む諸事項について

二〇一一年一二月に第一回ロードマップ、二〇一三年六月に第二回、そして二〇一五年六月に第三回の修正したロードマップがあったが、さらにそのロードマップに対し、燃料棒取り出しを最大約三年遅れに修正（1、2号機　は二三年取り出しに修正〈一七年九月に報道〉）、しかし溶融溶け落ち燃料（核デブリ）についてはスケジュールを変更せず（しかし、難物の核デブリの取り出しの時間軸を変えないで大丈夫か？）、全体の作業の終了時を当初通り（四一～）五一年としている。４号機は水素爆発はしたが、事故時運転停止をしていたため、これのみ燃料棒取出しを完了。なお、全体工程は今後（三〇～）四〇年の作業である。前原子力規制委員長は行程表通りに進んでいないとの正直な気持ちを表し、また

廃炉処理の現況（6年目）、今後のロードマップ —従前プランよりの修正あり—

	2014	15	16	17	18	19	20	21	22	25	41	51
1号機				カバー解体					☆			
					ガレキ撤去					○・・・・・・・?		
2号機									☆	○・・・・・・・?		
3号機						☆	☆			○・・・・・・・?		
4号機		☆	☆				（4号機燃料棒取り出しのみ済み）					

☆〜☆：使用済み燃料棒取り出し　　○・・・・：核デブリの取り出し

元担当技師は一〇〇年がかりの気持ちであると言っている。次表は前記格納容器内のロボット調査情報も一部ベースにして適切に修正したもの。

・核デブリ（1~3号機より）の取り出しは、建屋内、原子炉内の状況がロボットによりほんの少しわかりはじめている。格納容器を水で満たす「冠水」をあらかじめするかもしれない。そのためにもときどき発生している水もれを止める必要がある。核デブリの取り出しのスタート（二〇二一～二二年頃）までに、数年の時がかかるであろう。

・このような対処・対応のロードマップの如く、核デブリの取り出しは、二年以内に調査を終え、一八年中に工法を確定し、二〇二一年頃から始める。核デブリの取り出しを含めて廃炉の最終的処理は当初通り二〇五一年をターゲットとしているが果たしてどうか？

・廃炉検討の新しい情報では、推定される核燃料デブリは何と六〇〇トン（核物質が付着した溶融構造材料・部材を含む）であるという。

・なお、このような炉廃棄処理・処分に伴い、高レベル放射性廃棄物をはじめとした大量の廃棄物が発生するのは論をまたない。そしてさらに、それら核廃棄物の最終処分・貯蔵には問題がある。

―以上をまとめて述べると、大事故サイトの廃炉処理は―

事故から約七年経過した構内の除染・整理は進み、防護服なしで動ける場所も出てきたが、しかし原子炉建屋周辺は依然として防護服を着て細心の注意を怠ることは出来ない。工程表も、一七年に改定、「三〇～四〇年で廃炉完了」は変えないが、１、２号機のプールからの燃料取り出し開始は二三年度に三年遅らせている、デブリの取り出しの工法の決定も二〇一九年以降に先送りした。１～３号機のいずれかで二一年内に溶けた燃料の取り出しを開始する。しかし次のような解決すべき困難な課題もさらに待ち受けている。すなわち、タンクの汚染水をどうするか、がれきや汚染水処理の廃棄物の処分は？　溶けた燃料の取り出しをしたら何に入れてどこで保管するかなどが問題となる。

なお、メルトダウン（炉心溶融）の状況については、上述のように、炉心溶融している

1〜3号機では、昨年から今年にかけて原子炉格納容器の内部調査を、ロボットにより本格的に行い始めたが、調査出来た範囲は僅かで、デブリの姿も一部垣間見えただけであり、今後デブリ取り出しのために、精度の高いロボット調査を行うことが必須である、断片的な見方であるが、最も溶融が激しいのは1号機でデブリの量も多い。最も多く水が溜まっているのは3号機で、一番調査が進んだのは2号機である、

・現段階は廃炉作業に入れる前の準備の調査・作業であって、未だ廃炉作業の入り口で準備中のステージであると言えよう。

⑤東電第一原発よりの廃出・排出量

廃炉処理の際に出される核による汚染物の量のすべてはカバーしていない。廃炉処理の過程・進捗で予期しない事象の発生（特に突然の地震、津波を含む）で、さらに増加することも十分にありうる。

・・・・・・・

高レベル放射能（主に）─使用済み燃料棒（炉心溶融を含む）などについて

・1号機では、使用済み燃料取り出しのために二〇一一年一〇月に設置した建屋カバーの

解体を、飛散防止液状樹脂を撒きつつ着手した。

使用済み燃料集合体／三九二本　建屋地下汚染水／一四〇〇〇トン

・2号機は、建屋内の放射線量が高く（遠隔調査中）、難航している。

燃料集合体／六一五本　建屋地下汚染水／二三九〇〇トン

・3号機は、作業中に周辺機器が燃料プールに落ちるトラブルが発生、作業中断。

燃料集合体／五六六本　建屋地下汚染水／二二五〇〇トン

・4号機については、

未使用燃料棒／一三三一本　使用済み燃料／二〇四本

建屋地下汚染水／一七一〇〇トン

・第一原発全体としては、

燃料集合体／三一〇八本　建屋地下汚染水／七六五〇〇トン

そして全体に、ここでの記述では表現しえないほど作業は難航していて、期間もずれ込んでいる。

⑥周辺地域の汚染物の処理

周辺の生活地域・農地での汚染・除染物・土（主に低レベル放射能、一部高汚染度放射能）のうち、一キログラムあたり八〇〇〇ベクレルを指定廃棄物として中間貯蔵され、一四〇〇万立方メートル（最大予測二千万立方メートル）と報告されている（二〇一七年二月）。そして中間貯蔵地とされている双葉町、大熊町での中間貯蔵用地の取得率は未だ一一パーセント程度。中間貯蔵施設への搬入部分は、現在約二〇万立方メートルで、全体の数パーセントという少量である。三〇年のうちに県外搬出が法制化されているが、可能であろうか？

⑦通常運転の原発での放射性廃棄物の処理

なお、東電の福島原発事故のような場合でない、普通の（正常な）原発の稼働においても、前述のような高レベル放射性廃棄物（使用済み燃料棒、汚染水・冷却水など）が発生するので、その適正な処理、処分が必要となるのである。

(3)東電の原発事故の処理費用は増加している、究極的には国民負担となる

①大事故対応の東電支援政策（一六年一二月改訂）

最終貯蔵（処理）の費用はまったく考慮されていない。この額（二一・五兆円）の大半は国の負の資産の次世代以降への移管であり（一部積立金・引当金計上はあるが）、問題は大きい（次々ページ表1参照）。そしてこのような支援想定額の大幅な増額の原因は、換言すれば、原発が伴なう大事故と、可能性としてのコストの見通しの甘さにあるとも言える。

②費用の増額と負担の仕方

・費用と支援の額の、過去よりの変遷

	【廃炉】	【賠償】	【除染】	【中間貯蔵】	【合計】
二〇一二年　費用（枠）	……	……	……	……	五兆円
二〇一三年　費用（枠）	二・〇	五・四	二・五	一・一	一一・〇兆円

今回：二〇一七年（枠）　八・〇　七・九　四・〇　一・六　二一・五兆円

・当初の想定がいかに低かったか、大事故の及ぼす影響に対する理解の甘さ、そしてそれは、二〇一七年度においても依然として感じられる（著者）。

総合的に——

・全体として二一・五兆円の総枠（＋一〇・五兆円の増額）であり、支出項目ごとの増加は、次ページの表の通りであり、特に大きな増額は、廃炉絡みであり、いよいよ東電・政府としての最難関の作業が始まったことになる。

・大別すれば、東電（ホールディングス・ＨＤ）が全体の七割以上の負担、約二割を他の電力会社（沖縄電力を除く）、そして一割を国が負担するとの建前。

・基本的には、原発事故の損害の負担の仕方については、原子力損害賠償法に基き事業者がすべて賠償するが、東電第一原発の事故については、天災などの免責特例が適用されないまま、ここで述べる仕組みとなっている、つまり、汚染者負担の原則が崩れている。

すなわち、負担、支払いの仕組み（建前上の）は、

表１東電事故費用対応の新政策　17年での最終数値 - 経産省、調査会（額賀会長）

	廃炉	賠償	除染	中間貯蔵
各費用	8.0兆円	7.9兆円	4.0兆円＋α	1.6兆円＋α
支払い者・実質は	東電・管区利用者	他電力込み・電気利用者	国・国民	国・電気利用者
負担の手法	東電、子会社の利益より	電気料金に上乗せなど	保有東電株の売却益	電源開発促進税
一世帯当たり	約50円+18円/月(40年間)		合計　21.5兆円	

表２ 費用の増加と組織・主体別の負担　　単位：兆円

	従来分	今回増	東電	他電力	新電力	国	合計：従来+今回
廃炉	2.0	**6.0**	6.0				**8.0**
賠償	5.4	**2.5**	1.2	1.0	0.24		**7.9**
除染	2.5	**1.5**	1.5				**4.0**
中間貯蔵	1.1	**0.5**				0.5	**1.6**
合計	11.0	**10.5**	8.7	1.0	0.24	0.5	**21.5**

一二〇〇億円以下／民間保険、政府保証
責任限度額以下では／電力会社の負担
責任限度額を超える場合／税金、電気料金

・おおよその負担は、
東電：一六兆円、他電力会社：一・五兆円
（主に賠償）、株一（～四）兆円
国：三兆円（除染、中間貯蔵、他の法制化）

・そして、究極的には電気代（使用者）、税金（納税者）を通して、すなわち、国民が払う、と言い得る。しかし本来は東電が負担すべきであり（総合責任は国にあり）、それなくして再稼動をする（認める）ことなど、倫理的に許されないはずである。

・総費用支出がこの費用の範囲内で済むかど

うかもまた問題である（著者）、何故なら以下で述べているような諸問題点があるからである。

③項目・費目毎、また全体についての問題点

費目全般について—

・廃炉費の巨額さにかんがみ、東電に積立てを義務化する。費用発生は三〇年余りの長期にわたるので、毎年三〇〇〇億円程度を「原子力損害賠償・廃炉支援機構」の基金に積み立てるという制度を、国会にすでに提出した（一七年二月）。

・廃炉費用捻出のためには、送電料金による利益が出ても、東電については、電力料金の引き下げをしないことを国として認める（通常は値下げを要する）。

・企業努力による増益も東電については、電力料金の引き下げをしないことを認める。この結果、特に東電管区では電力料金の高止まりになる可能性がある。

・賠償費用については、各電力会社が過去に原発の運転に際して将来に備えた引当額を積立てるべきであった額を分担させる。このことは新電力にも適用されて、分担金が発生する。東電の賠償負担額のための、二〇一六年の各家庭の負担額は一一五九円で、〇・

二五円／一キロワット時（検針票には記載されていない）である。また一年度の負担金の額は五六七億円である。

各電力会社の福島原発大事故の賠償費用―

・一年度当たりの負担額／六五億円～五六七億円（東電）
・一キロワット時の負担額／〇・一一～〇・二六円（東電／〇・二五円）
・一世帯当たり二〇一六年負担額／五八七円～一四八四円（東電管区一一五九円）

これは国の家計調査より朝日新聞社が推計した数字で、検針票には示されていない。この額は本来事故の備えであるが、今回は東電事故補償に充当される。

なお、帰還困難区域（対象二七〇〇〇人）の避難指示を二〇二二年に解除して、復興拠点化する方針にしたことと相まって、さらに「数千億円」を復興予算より支出することとした。

さらに、各費目・項目について―

・廃炉費は、デブリの取り出しをひかえて二兆円より八兆円に増やしたのであるが、スリーマイル島原発よりの引用計算をしたとされている（一〇〇〇億円弱の五〇～六〇倍で計算）。スリーマイル原発事故ではデブリの発生がなかったことを考慮すると、この類似ベースの計算値は甘いと考えられる。

・賠償ではすでに六兆円を使用している。一方、多数の未決訴訟があり、「原発被害者訴訟原告団」によると原告は一四〇〇〇人に上るので（漸次結審しつつあるが）、それを考慮するとき、この推定値は甘いと言える。なお、この損害賠償額の背景には内部被爆などによる人々の身体的、精神的苦悩・被害が厳然とし存在しているという事実を忘れてはならないのである。

・前述しているように、中間貯蔵以降の十分な費用の計上をしていなく、この費用はたいへん多額になろう（最終処理・貯蔵費など）。

④支援政策は適切か、それに対する見方、問題点

・これらの原発事故負担金についての問題は、

■東電が自前で賄えない部分は電気料金で集める。

■原発を持たない新電力とその契約者にも原発のコストを押し付ける。具体的には、新

電力が大手の送電線を使う際に払う託送料金に付け替える。

■「賠償費」は本来福島の事故前から確保しておくべきであったとして「過去分」まで、今後の電気利用者が負担するのが公平であるとの、強引な論理である。

以上を考えるとき、国会におけるこの問題についての幅広い検討がさらに必要である。

・これらに対する政府による救済措置として、二〇一二年は一兆円を出資し、かつ支援枠として、五兆円を設けてはじまったが、二〇一三年は事故対応費が一一兆円に膨らみ支援枠を九兆円に、そして今回は、支援枠を一三・五兆円に増やす（国債発行により無利子で貸し付ける〈一六年一二月〉）。

⑤上記の費用負担(3)についてのまとめ

・なお、東電の対応、体制として、廃炉プランの中にある、柏崎刈羽原発二基の稼働は（新潟）県知事が、

■免震重要棟の耐震性評価のずさんさを未だ了解していない。

■万一の事故の場合の避難計画の不了承。

以上を了解していない（という問題がある）。

・また、（東電の）売上高はこの三年間六兆八〇二四億円、六兆六九九億円、五兆三五七七億円と低減、経常利益もこの三年間二〇八〇億円、三二五九億円、二二七六億円、今、予想される次期経常利益も二〇〇〇億円と減少している。（必要額の）五〇〇〇億円の中の一〇〇〇億円の柏崎刈羽原発、そして四〇〇〇億円の企業努力による増益確保が皮算用にならないと良いが。

・燃料および火力発電部門：新設も行い、中部電力との合弁事業ＪＥＲＡで展開を図る。東電四四〇〇万キロワット、中部電力二四〇〇万キロワットで二大火力発電（能力をもつ）二社の共同。

・送配電部門：収益の最大事業で（二〇一七年度経常利益の四九パーセント）、支援策の恩恵あり。

・小売り部門：新しい試みとして拡大を図る、収益のもう一つの柱にしつつある。新電力も含めて、他電力よりの支援を容易に受けられるかどうか。

・大事故機の廃炉作業は、始まったばかりで困難が続いており、特にデブリの存在、その確認はトラブルが続いており、全体で三〇年以上の期間を要す。二〇五〇年頃の期限も危ない。廃炉費用合計八兆円の推定額では難しい可能性大。

整理して要約すれば――

・大事故や災害に対応するために、おおよそ年五〇〇〇億円の原資が必要である。現実には、主に廃炉などにおいて、それ以上の額が必要となろう（著者）。

・除染費用として、企業価値を増やし東電株価を引き上げ、売却益四兆円を生み出す。

・柏崎刈羽原発の再稼動により、年五〇〇億円×二基（東電の算用は数基）の利益を出す。

・配送電を他電力会社との共同事業体により、（二〇二〇年代初頭には）コストを一五〇〇億円／年削減する。

・一九年度を目途に電力、ガス販売により四五〇〇億円を確保する（当然の収益増）。

・中部電力などとの火力発電による事業確立（ＪＥＲＡ）。

・東電持株会社の要員の半減。

以上を政策の軸として、一九年度には「東電の自立」を国（原子力損害賠償・廃炉支援機構）と協議することを目標とする。

(4)東電の大事故処理費用額の吟味

二〇一一年三月の大事故の全体処理に、東電が数一〇年の年月をかけて負うべき全コストはどのくらいの額になるのであろうか。各部分の数値は、断片的に、そして時々異なった数字が発表されるが、将来をもカバーして、総合的に正しく全体を推計してみたい。(漠然と抽象的に「全体としては多額の、厖大な費用になろう」と言うのみでは、事業経営としても、政治的にも不透明であるし、かつ責任感の欠如を露呈するものであろう。

また、その数値は経営にとって、どの程度の〝負〟のインパクトになるであろうか。新聞やインターネットをはじめ、シンクタンクや大学による研究の基礎的な数字からの計算などを基に大胆に推定する。

① 罹災者にたいする賠償費

・原陪審審査会の決定、二〇一三年一二月

二・五万人（帰還困難区域）×一億七〇〇〇万円＝二兆六八〇〇億円
　他に、居住制限区域（二・三万人）　⇓七二〇〇万円／1人当り
　解除準備区域（三・二万人？）　⇓五七〇〇万円／1人当り
　　全区域を合計すると六兆一六〇〇億円を大幅に上回る。
　参考として他の研究者N・O教授の推定額は、四兆九九〇〇億円である。
　すでに、一五年二月までに、四兆七〇〇〇億円の実支出あり。
　ただし、現実の補償の交渉は、さまざまな理由により、査定、支払いの著しい遅れがみられ、また、政府指示により強制的に避難されていない場合は減額される。そして東電としては個々の折衝で、理由をこじ付けて削減を図るであろう。
　一方、事業に対する補償もすでに大きく発生していて、その額は増える方向である。それらも含めると、さらに金額が膨らむのは目に見えている。
・したがって、七兆円（以上）が妥当値と推定できる。

②汚染除染の費用

二〇万ヘクタール（二〇〇〇平方キロメートル）×一七五〇万円／ヘクタール＝

三兆五〇〇〇億円（単位価格は一二年一月の朝日新聞による）

N・O教授の推定額は二兆四八〇〇億円。

・三兆五〇〇〇億円を現実のコストと推定するが、この中には計上漏れの細かい作業も含むものとする。

③中間貯蔵の費用

・大熊町、双葉町、富岡町の約一六平方キロメートル（政府方針）に及ぶ中間貯蔵地。建設費のみで一兆一〇〇〇億円、別に、土地収用費は固定資産課税額を基準として、一〇四〇億円。一六平方キロメートル×二一五〇〇円／坪（三・三平方メートル）

売却・購入が進まないのは、この条件の単価が低いのも一因である。

また、一兆〜二兆円は与党示唆値（二〇一三年一一月）。

N・O教授の推定額は一兆六〇〇億円。

・計上漏れのバックエンドコストも入れて二兆円強と推定する。

④事故廃炉の処理費（廃棄費）—放射性廃棄物の処分・処理費用を含む

一〇兆円－前記②③（の一部を控除）＝一〇兆円－二兆五〇〇〇億円－一兆＝六兆五〇〇〇円。原陪機構委員長方針よりの計算。これには廃水・汚水の処理費二兆円を含むものとする。特に炉心溶融による作業の著しい困難、水素爆発に伴う汚染状態での作業、そして汚染水の処理の難しさなどはコスト上昇の要素となる。汚染水対策（凍土壁、ALPS設置など）を含めて、すでに五九〇〇億円（会計検査院指摘）の負担あり。

高レベル、低レベル廃棄物の処理・保管費（六ヶ所村、自発電所サイトなど）一兆五〇〇〇億～四兆円も含むと理解する。

シンクタンク―一五兆円（日経産業：二〇一二年一月）―上記②③を含む模様。

・六兆五〇〇〇億円強を推定値とする。

⑤その他

作業中の事故に伴うコスト、すべてがまったく新しい作業であることによる予期せざるコストアップ。除染の後に続く汚染対応の費用、高濃度・低濃度廃棄物の輸送・管理に伴う費用、医療業務・支援に対する費用、除染の外辺環境に対するコスト、研究開発に対する費用、事故処理の行政によるすべてに関わる人件・管理費、作業の遅れによるコストアップ、燃料サイクル絡みのコスト発生、その他さまざまな想定外のコストなどの加算・合算、これらをまとめて五兆円と推定する。結果として①〜⑤の二五パーセントに当たる。

・東電及び政府の当初の発表は総計五兆円であったが、東電による二〇一四年の発表は一一兆円、今回（二〇一七年）発表は二一・五兆円となっている。しかし現実の総費用は、次の⑥の通りであろう。

⑥現実の総費用額は？

以上、述べたすべてを合計して、七兆＋三・五兆＋二兆＋六・五兆＋五兆＝二四兆円。ただし、範囲としては、上限値は三〇兆円。

以上が、東電（・国）が負担すべき総費用の推計値であるが、東電の安全のための備えの不備、あわせて大事故発生時の対応の不手際（組織的な）が、このような多額の損失を引き起こしたことは、経営責任、経営倫理の不足と指弾されざるを得ないであろう（政治の責任もあろう）。

なお、わが国全体としては（究極的には国民負担）、これとは別に、すでに存在している原発（五〇基余り）の廃炉・核廃棄物の処理などの厖大な費用がかかる。

今やさらに再稼動が進められるとき、それらに関わるこのような費用が発生・増加することを覚悟する必要がある。

⑦東電の現実の費用負担は？

一方、二〇一四年三月までの東電による費用の支払い合計処理額は、原子力関連特別支出として六兆六六〇〇億円（有価証券報告書より）である。この他に一部原価処理されている処理支出もあろう（例、原子力部門の人件費、一部の委託費）、東電としては多額の費用負担を背負っているのである。

(5)全体の進め方についての総括
―大事故の処理の問題、それで発生した多額の費用の問題

①このような、東電の大事故処理・対応には、特に最重要課題としての核廃棄物最終処理・貯蔵の問題を含めて、今後三〇年以上にわたる必要な対応業務が厳然として横たわっているのである。原発大事故の後の世代へ「負の遺産」として引き継ぐ後遺症は想像を絶する(それに要する時間・期間を含めて)のである。(人は・政・官・業・学・自分の現役時代にはなるべく避けたいとのモメントがややもするとはたらくのか?)

事故原発機の廃炉処理は、当然東電によって(そして政府も責任を持って)前記のような時間スケジュールの上で、処理が完全に遂行されなければならない。しかし、このような大事故は前例がなく、対策作りも暗やみの中を歩くようなもので、前述の通り前原子力規制委員長の心配通りオリジナルのプランを我が国の技術力で処理できることを願うばかりである。

②事故の総費用の正しい額は(4)のごとく二四兆~三〇兆円(上限値)と算定されるが、こ

こでは公式数字の二一・五兆円をベースにして総括している。

・二一・五兆円のうち東電負担は約一六兆円で、それ以上は他が負担する仕組みであり、東電に対する支援・擁護が手厚いと言い得る。すなわち、有責者負担が曲げられている。国策による原発の大事故のためであろうか、国（原子力損害賠償・廃炉など支援機構）による約一兆円の出資での五四・七四パーセントが所有されている。

・しかも(3)で述べているように、責任所在が不明確のまま、東電負担は約一六兆円で、他を電力会社（新を含む）、使用者、国、（いずれも究極的には、国民負担）、であることの不条理は問題なのでは！

・一例として、柏崎刈羽原発二基の稼働による一〇〇〇億円の利益計算を算入しているが、新任の県知事は稼動に対してどのように出るか。

③このような莫大な発生費用はしっかりと東電、及び政府（国策会社の性格より）によって負担・処理されなければならない。これなくして原発再稼動は倫理的に許されない筈であることが、しっかりと認識されなければならない。

冒頭の懸念は今でもその通りで、事故現場の処理は(2)の④で述べているように、良くて

（三〇～）四〇年を要するであろう。

・二〇五〇年代まで続くような廃炉・事故処理の大問題、そして膨大な費用の発生は、脱原発をすべきであるとの判断の重要な根拠の一つである。

④その他

・政府は東電の事故処理にも関わらず再稼働にはやり、原子力規制委員会の基準承認の原発をほぼ自動的に再開を進めているが、その結果、核廃棄物とその増量の難題を拡大することになり、それは大変な問題である。

・なお東電も、再生可能エネルギーを開拓・事業化するとの社長方針が出されたことは、大事故絡みでは遅きに失している面があるが、時代に寄り添ってゆくことは今後注視して行くに値するであろう。

・東電の再生エネルギー強化の社長方針とは？

太陽光や風力などの「再生可能エネルギー事業を火力発電に匹敵する柱とすべく強力に推進する」との考えを小早川社長は示している。「再生可能エネルギーの導入はコストが下がってきており、極めて大きなビジネスチャンスである」。計画は新年度に詰めるとしている。東電の再建計画では、賠償や廃炉で毎年五〇〇〇億円を負担し（これで済むかは疑問）、その上で二〇二七年度以降に四五〇〇億円の純利益を出すとのプランである（二〇一八年二月）。

第六章

原発のあり方についての総合的な見方：その一・その二

――脱原発へと潮目も変わってきている

読者のいだく疑問

・原発の再稼動について、多くの国民はどうみているの？
・被災地、福島の人々は多くの悩みを負っているのですよね？
・政府は原発をさらに増やす方針なの？

著者からの一筆

・被災地の人々を含めて、日本のすべての国民は、原発のあり方に就いて大きな疑問を持っていますね。原発事業者は兎も角、普通の国民からは、危険な原発は止めて欲しいとの意見をうかがうことが多いですね。原発事故被災者以外の国内の他の地域の人々も、原発と大事故はもうこりごりという意見をよく耳にします。
・政府の姿勢としては、原発のさらなる再稼動を模索しているようですが、与党の国会議員の中にもこれ以上の再稼動は止した方が良いとの声も聞かれるようになりました。
・どうぞ次の第六章をお読みになって、脱原発が良いとの根拠をご納得が行くまで感じて下さい。

—ですから、脱原発がベストチョイスでしょうね！

【その二】

(1)政府のエネルギー政策と日本での発電方式のあり方

エネルギー第五次基本計画（二〇一八年七月三日閣議決定・政府骨子〈経産省主導〉）について、第一章と重複するところがあるが、検証してみよう。

再生可能エネルギーを「主力電源をめざす」としているが、しかし、相変わらず原発を「重要なベースロード電源」と位置付けている（二〇一八年四月二七日）。

・原子力は需要なベースロード電源。可能な限り依存度を低減しつつ、原子力規制委員会の判断を尊重し再稼動を進める（原子力規制委員会に稼働認可の権限はないはず）。また、核燃料サイクルは自治体の理解を得つつ推進する（問題か）。

・再生可能エネルギーは、重要な低炭素の国際エネルギー源なので、主力電源化へ布石を打つ。しかし、安定供給面、コスト面で課題がある。そこでエネルギー安全保障にも寄与する送電線網の積極的整備や、高効率蓄電池の開発を大きく期待する（著者）。

・天然ガスは重要なミドル電源。また石炭は重要なベースロード電源に位置付けられ、環境低負荷化した高効率発電となっている。原子力発電のコストは一〇・七円／キロワット時（一七年、一四年の＋〇・六円）なのに対して、天然ガスのコストは九・二円／キロワット時ですでに逆転している。

・基本案は、従前通りの二〇三〇年に再生可能エネルギー比率二二〜二四パーセント、原発比率二〇〜二二パーセント（再生可能エネルギーについての詳細は第七章参照）としている。しかし、原発は一〇〜一四パーセント限度が妥当であろう（この章(7)の付表参照）。

――以上に対して、新しい動きとして

・自民党内にも再生可能エネルギーをより重視すべきとの声がある（党幹部の筆頭副幹事長の一人）。

・外務省はＩＥＡレポートをもとに、三〇年までに再生可能エネルギーを四〇パーセント程度に上積み可能として経産省に要請。これは「パリ協定」を巡り、トランプ政権とともに日本政府が批判の対象なっていることへの危機感からである。そして環境省も三〇年に最大三五パーセントとの試算を発表。さらに日本生活協同組合連合会も、最低でも三〇パーセント、できれば先進国水準の五〇パーセント以上を目指すべきとしている。

(2)日本での新たな原発建設はあり得ない
―再稼働も辞退が続発している、すでに建設中のものの継続はあり得る

・第二章で述べているように「原発は安い、儲かる」の神話は崩れた（二〇一八年四月）。福島第一原発の大事故と電力自由化の二つが「原発は安い、儲かる」の神話を崩しつつある。まず福島第一原発の大事故により、原子力規制委員会が設定した、安全性に重点を置いた新基準で判断することとなった。安全対策費が大きくかかるようになって、電力一一社で四兆円以上かかるようになった（一基一五〇〇億円以上）のである。すでに第二章でも触れたように、中型原子炉は廃炉の方向となっている。その例として、四国電力伊方2号の廃炉があげられる。この2号機は五六・五万キロワットの中（小）型原発で、稼働開始も八二年三月であり、必要な安全対策費を投じてもこの先、二〇年余りしか運転出来ないことになる（最長六〇年限度）。そのため、投資に対する十分なリターンが見込めないと判断したようである、一基当たり二〇〇〇億円もの費用を要するようでは、もはや、原発は「安い」とは言えなくなっているのは確かである。

・またアメリカでも、米エネルギー情報局の発表では一〇〇〇キロワット時の発電コストが、新型原発の場合一一九・〇ドル、新型石炭火力発電が一一〇・五ドル、新型コンバインドサイクル天然ガス発電が七九・三ドルとなっている。これは原発のコストは高いとの理解を裏付けるものであり、先進国では新規の原発建設はほぼないと理解することができるのである。

・すなわち、稼動のためには原発は安全性が高くなければならないが、安全性を高くするとなると、事業性のメリットは減るのである。

安全対策費の高騰は原発にとってはたいへん重い負担である。第二章で述べたように、電力会社一一の安全対策費は合計で四兆円を超えている、これは四〇年超の原発の再稼動などの影響があるためである。

なお、再生可能エネルギーのコストは、将来下表のとおり安くなり、充分な競争力が予見される。

再生可能エネルギーの将来コストの参考値（2030 年想定）

単位：円／キロワット時

	風力 - 陸上	風力 - 海上	バイオマス	太陽光	太陽熱	地熱	波力・潮力	水力
2030年	7	9～8	11～4	13	(22～) 7	7	11	10～4

将来的には各種別ともコストが 10 円未満になる可能性が高く、再生可能エネルギーに対して大きく期待できる要因である。
(サウジアラビアやサハラ砂漠の諸国、モンゴルなどでの太陽光発電、風力発電のコストは、間違いなく特に低い―2～3円／キロワット時もあろう)

(3)国民世論は原発に反対の姿勢

・第一章で述べているように国民・市民は再稼働に批判的である

直近のアンケートを要約すれば、

原発を今後どうするるか？　の問いに

「ただちに、または近い将来ゼロにする」が七四パーセント。

「ゼロにはしない」が二二パーセントであり、

すなわち、極めて脱原発指向の世論である。

・避難指示解除より一年の四市町村での帰還・居住率の低さは、被災地福島の原発に対する批判的な姿勢を示している。

帰還解除をされた住民（約三八〇〇〇人）—浪江、富岡、飯館、川俣の四町村—の中、戻った住民は未だ一八八〇人である。それに対する理由調査結果（一部の人の回答）は、

住宅が住める状態にない：五九　　病院・買い物の不便：五六　　計一一五

放射線被曝の不安：四八　　除染が不十分：四八　　計九六

福島第一に近づきたくない：四二　除染土が生活圏にある：三三　計七五・また第一章でも述べているように、復興庁調査による福島の被災者の考え、「故郷へ戻る人の比率」についての調査を見ても、前の場所には帰りたくない人々、すなわち「故郷へ戻らない人の比率」が大幅に増加している。

原発に近いところに住んでいた人ほど、故郷に帰らず移住を決める傾向がある。この二年の間でも「戻るか戻らないか判断がつかない世帯」が減り、「戻らない」が四～九パーセント増加している。

「戻らない人」の比率は、

	【一四年調査】	【一六年調査】
双葉町	五八パーセント	六二パーセント
浪江町	四八パーセント	五三パーセント
富岡町	四九パーセント	五八パーセント
飯舘村・川俣町	……………	三一パーセント

「戻らない」が増えていることは、住まいをどうすべきかについて、その方々の意思がハッキリしてきている。もう原発は「こりごり」であると理解できるのである。

【その二】

(4)事故時の大きな災害、内部被曝の悩み

第三章で述べているように、福島県民（福島市以西も含む）共同調査で、「不安」が六六パーセント（一八年三月）

・放射性物質への不安：「不安である・大いに・ある程度」の三段階を合わせた数字が六六パーセント（前年は六三パーセント）。

・放射性物質への不安：「感じていない・あまり・まったく」の三段階を合わせた数字が三三パーセント。

福島県内でも、原発サイトから三〇キロメートル以上離れている地域が含まれていることを考慮すると、福島県民の放射性物質に対する「不安」は依然として大きく、そして原発再稼動にも「反対」が大きいと言える。

また、福島県における不安に関わる世論調査（一六年二月二七、二八日）の結果でも、

・放射性物質の生活への不安：放射性物質が自身や家族へ与える影響　六八パーセント。

■廃炉作業への不安：原発の廃炉作業で深刻なトラブルの起きる不安　八五パーセント。と多く、すなわち被災者、多数の廃炉作業員にとっての原発の悩みは直近でも大きいのである。第三章にあるように遅れて発症することに最大限の注意を要する。またすでに七年以上経ったが、三章の記述にある半減期なので、内部被曝による発症に今後も注意することが必要である。

(5)原発の抱える難題、手付かずの核廃棄物の処理など
―まったく未完な処理技術のままで、負の遺産を先送りするのか?!

第四章で述べたように、現有の科学的知見レベルでの耐性物質での構造で、放射性物質の半減期が万年単位のものが多い。プルトニウム239の半減期は二四一〇〇年であり、1／2^4で約一〇万年かかっても1／16にしか減衰しない（人類の発祥・ホモサピエンスの時代に遡るぐらいの時間の長さ）。すなわち核放射性物質の不十分な最終処分の方法で、そのような長期に耐え得るのか？　また二〇一一年の東日本大震災（一三〇キロメートル

の沖合で五〇〇ガル）以上のガル（新潟中越地震で二〇五八ガル、岩手宮城内陸地震で四〇二二ガル〈ギネス記録〉）の大地震に曝される可能性のある弱い地盤の日本で果たして大丈夫なのか、大きな疑問を感じる。

・処分地について見てみよう。高レベル放射性廃棄物の今後の処理について、国が主導すると閣議決定をしている。科学的な有望地を自治体の判断を入れつつ、約二〇年をかけつつ文献調査、精密調査を行う方針である。文献調査の受け入れで、年一〇億円（上限）の交付金が出されるとの「飴《あめ》」である。科学的特性マップについても調査を受け入れる自治体はない。また早速、福島県、青森県などより、自県は適用外である（三〇年後に他地域に移管するという国との契約あり）というアドバルーンが上げられた。すなわち、核廃棄物の処理の地域・場所は、現在まったく候補地のあてがないのである。

長期にわたって放射線を出す核廃棄物を経済・社会的にもこれ以上出してはならないのである（著者）。

(6)全体問題として、他のたいへん重要な関連する問題も含んで

①包括的には

・原発が負う費用負担と大災害に対する不安の問題

事故時はもちろん平常時でも、原発には多大な費用が付きものである。そして、いったん福島第一原発のような大事故が起きると、国（すなわち国民）が負担する費用は、国の見積りでも二一・五兆円と多額であり（著者の見積は五章で述べたようにそれ以上の額）、事故処理には四〇年を超える日時がかかるのである。また、事故処理でない通常原発の最終処理でも三〇年以上の日時がかかる。

・日本学術会議は、高レベル放射性廃棄物の暫定保管と総量管理の二つを柱に政策枠組みを再構築することが不可欠であるという提案をするに至っている（二〇一二年九月）。その根拠は、高レベル放射性廃棄物の超長期（一〇万年）にわたる安全性と危険性の問題の対処については、現在の科学的知見の限界をこえているので、高レベル放射性廃棄物の処分は、暫定保管（Temporal safe storage）として（最終処分ではなく長期貯蔵で）、そして並行

して完全な処分・廃棄の方法の抜本的研究・開発をする。との政策枠組みを構築すべきであるとの提言である。

・良い参考例としてドイツは、日本の東日本大震災の時点で、その悲惨さより賢い判断をして、脱原発に政策変更をした。独・ヘンドリクス環境相によると、当時の二〇基以上の原発を、すでに現在八基以下に落としている。そして二〇二〇年までに原発を全廃すると言い、「それでも余剰電力がある」と言う。そして日本は風力（洋上を含む）、地熱でドイツ以上の良い条件があると言う。このようなドイツの決断力の速さと実行力、判断の適正さに日本も学ぶべきであろう。

②司法判断

・原発避難七件の賠償判決

近年の集団訴訟の結果は、次の七地裁のすべてにおいても東電の責任を認めて、三六九四人に対して大約「故郷喪失」の事由で二七億九四〇〇万円の損賠賠償を命じている。また国の責任にも、五地裁の中、四地裁において責任を認めているのは、極めて示唆的である（二件はもともと損害賠償のみを提訴したもの）。

一七年三月：前橋地裁、一七年九月：千葉地裁、一七年一〇月：福島地裁、一八年二月：東京地裁、一八年三月：京都地裁、一八年三月：東京地裁、八年三月：福島地裁・いわき支部。

そして、京都地裁と東京地裁では、自主避難者にも賠償を認めた点で、新しい基準ができたものとして、画期的と言い得る。

・事業に対する損害賠償の裁判も数多く見られるが、一例としてのゴルフ場における損害に対して、「現在も除染の必要性より休業が続いている事由により、五・五億円の賠償を命令しているなどの例がある。

・東電原発事故公判

業務上過失致死傷罪で三人の旧経営陣、勝俣元会長、武藤元副社長、武黒元副社長が強制起訴されている。

二〇〇二年七月、国の専門機関が「長期評価」を出し「一五・七メートル」の津波を予測、二〇〇八年三月、福島第一原発について、「一五・七メートト」の津波がくる可能性があるとの予想を得ていたが、対策を先送りしていた判断が争点とされている。東電の担当部門としては、その大きさの津波を想定した対策を練っていたが、二〇〇八年七月に対策先送りを幹部より指示されたとの主張。また三被告とも「事故を予測することが出来なかった」と主張している。原発では、稀な自然災害等に備えるのが基本である、対策の先送りの判断がなければ、最悪の事態は防げたのではないか、上層部の安全に対する認識が今後の公判で問われることになる（一八年五月）。

・極力、深く追究した原因究明が行われることを期待するが、スリーマイル島原発の事故の教訓として理解していた事柄（ファインディング）、ⓐ例えば非常用発電機のサイト内設置、非常用電源車の用意、ⓑフィルター付きベント設備の装備、などの備えの必要性が何故東電内で無視されていたのか。活かされるべきであったのではないか。

・伊方原発の運転差止め⇒広島高裁による仮処分。高裁における運転差し止めは、初めてであり、その意義は大きかった。阿蘇山（熊本県）が過去最大の噴火をした場合、火砕流の影響を受けないとは言えないと判断したものである。高裁における運転差し止めは初めてであった。しかし、二〇一八年九月二七日仮処分取り消しの裁定となった。

③日本では、一一年三月の大地震とそれによる大事故の今後の可能性は完全に否定できな

いのでは？

日本は地震・津波大国である。日本の領域を中心として大地震の元凶となるプレートは、太平洋の東、西プレート、フィリピン東域プレート、そしてユーラシアプレートである。そこではプレート境界地震（プレートの沈み込みとその跳ね返りで発生する大きな地震）がある。そして首都直下地震、それとともにトラフ（海底の活発な窪地）型の地震・津波、南海トラフ、東南海トラフ、東海トラフがあり、さらにそれ以外に活断層型地震（阪神淡路大地震一九九五年）があり、日本は大地震発生の素地にこと欠かないのである。さらに日本海地震（最大二三メートルの津波が予想される）も、国が危険の想定を広げている。すなわち、日本での原子力発電には、これらの地震・津波による大災害が常に潜在しており、日本は原発にはとりわけ適さない国土なのである。

近年では、二〇一六年四月一四日前震、一六日に本震の熊本大地震は、M七・三震度七であり、二九日に至っても震度五強の余震が続いたほどの厳しさであった。最大一八五〇ガル（川内原発の基準六二〇ガル）で、鉄筋コンクリートつくりの宇土市役所も崩壊寸前になるほどの激しさであった。日奈久、布田川（活）断層帯に起因していて、幸い原発の立地地域ではなかったので良かったが、日本全土には無数の（活）断層帯があり（二〇〇〇以上と言われている）、このような規模の大きさ、激しさから、原発にとってはまったく予断を許さない近年の大地震の例である。

地震の大きさ・強さと言う点では、前述のように、東日本大震災の時の五〇〇ガル（ただし一三〇キロメートル沖合）をも凌いでいる新潟中越地震が二〇五八ガル、さらに岩手・宮城内陸地震が四〇二二ガル（ギネス記録）があり、日本は大地震にこと欠かないことを忘れてはならないのである。

④その他

・原爆に匹敵する原発の危険性（特に大事故が起きた時）は、三章でも一部触れたが、たいへん大きな被害をもたらす潜在的可能性があるのである。

・その危険性を核汚染物質量の数値をあげて比較すれば、原発（東電事故、チェルノブイリ事故）は、何と広島原爆よりも多量に保有・排出していたのである。

単位／ペタ（15乗）ベクレル

	【セシウム１３７】	【ストロンチウム９０】
広島原爆（参考）	〇・一	〇・〇八五

チェルノブイリ原発	八九			七四	
チェルノブイリ原発／広島原爆	八九〇倍			八七〇倍	

	［チェルノブイリ原発四号機］			［福島第一原発（一～三号機合計）］	
	【ヨウ素131】	【セシウム137】		【ヨウ素131】	【セシウム137】
炉心インベントリ	三二〇〇	二八〇	＜	六一〇〇	七一〇
放出量	～一七六〇	～八五	＞	一六〇	一五
放出割合（パーセント）	五〇～六〇	二〇～四〇		二・六	二・一

すなわち、原爆は高度に濃縮したウラン（ウラン235が九〇パーセント以上）を合体させて「臨界質量」を超えた固まりとして核爆発を誘導し、熱と風圧とともに放射性物質を一瞬に、かつ大量に排出し大爆発する。一方、原発は頑丈な原子炉容器の中で、制御された状態で臨界に達し（核分裂を起こして）、エネルギー（電力に変換）を定常的に排出するもので、通常は核廃棄物は漏れない設計になっているが、稀に事故により極めて有害な核汚染物質を散布・排出することがあり、福島第一原発はちょうどそれに当たる。

すなわち、原発は、潜在的にたいへん危険な核物質を大量に抱えているのである。

・他のエネルギーと比較した原発の効率は低い。

原発対火力・ＬＮＧの効率・汚染性で、原発が劣位にあることが次の表で読みとれる。すなわち、原発は温暖化の原因となるCO_2の排出はないと言われる場合があるが、発電の時点は兎も角、現実に核燃料の精錬、濃縮、燃料棒加工などの工程で、CO_2を大量に排出しているのである。また、それとともに大きな問題として、いろいろと述べたとおり、原発には汚染の問題がある。エネルギー効率も原発は次表のとおり低い（電気事業連合会資料よりの推定）。

	消費エネルギー	排熱量	合計	エネルギー効率
原発	一〇〇	二三三	三三三	三〇
天然ガス（ＬＮＧ）	一〇〇	八七	一八七	六〇

［コンバインドサイクル＝ガスタービンと蒸気タービンを組み合わせた高効率火力発電］

・さらに原発は、稼動の際にCO_2を出さず、温暖化防止に役立つと言うのは、正しくない。

原発の冷却水絡みの温度計算（温暖化での負の要因となる）を参照願う（Ｉ教授）。

原発一基は一〇〇万キロワットを発電するが、実は三〇〇万キロワットの出力があって、残り二〇〇万キロワットはタービンを海水で冷却して廃棄される（一秒間に七〇トンの海水を七℃上げる）。日本の国土の約六割は森林である。日本が緑豊かであるのは、雨がたくさん降るからであるが、約三八万平方キロの国土に一年間に約六五〇〇億トンの雨が降るからである。うち約二五〇〇億トンは地下水となり、約四〇〇〇億トンは河川を流れる。日本の四〇基超の原子炉から出る七℃高い排水は約一〇〇〇億トンである。原発はCO_2を排出しないが、自然エネルギーに比較すると、このように「地球温暖化」を促進して、近海の生態系を変えるのである。さらに原発は、前述のように濃縮ウランの製造工程で、そして原子炉を含む発電設備の建設過程で、多量のCO_2を排出しているのである。

・さらに、ウラン資源の埋蔵量は、五〇京キロカロリーで量的に枯渇の方向にある（Ｉ教授）。原油の確認埋蔵量は一五〇京キロカロリー、太陽光は「毎年」一三〇〇京キロカロリーで太陽光はまったく無限の量があると言うことができるのも考慮されるべき要因である。

（京キロカロリー＝一〇ペタキロカロリー）

・次に、原子力発電の問題点（事業性の効率）を紹介したい。原発の事業効率の問題を示しているが、火力発電も、CO_2の排出、環境汚染を引き起こし避けなければならなく、すなわち自然エネルギー（再生可能エネルギー）がベストとなる。

・また、原子力発電と火力発電の建設費、廃炉期間、廃炉費用などを比較すると、

	【原子力発電】	【高効率火力発電】
建設費	四二〇〇億円⇓増大中 原発は安全化投資で最大一兆円もある	一六二〇億円
電気出力	一二〇〇キロワット	一三五 キロワット
廃炉期間	（二〇〜）三〇年	一〜二年
廃止費用	（五五〇〜）八三〇億円	Max三〇億円（一五年三月朝日新聞）

建設に際しての使用鋼材量、建設作業工程等などでの使用熱量により、原発は温暖化現象において、それを増やしている。

そして、温暖化現象どころか、原発は核汚染物質（高レベル）の排出、核廃棄物の排出・増大（未だ最終処理・貯蔵の仕方に解決策なし）により人間社会に禍《わざわい》をもたらし、将来にわたって地球や社会の「持続性」を大きく損なうのである。

・信頼性に定評がある海外機関のＢＮＥＦ（ブルームバーグ・ニューエナジー・ファイナンス社）の予測は、日本政府予想の原発二〇～二二パーセントの値は「非現実的」であり、八・九パーセント（やや低いが）が可能性の大きい値であるとしているのは、傾聴に値する（著者）。

⑤なお、この際四〇年超の原発の扱いの問題を無視してはならない

四〇年超の稼働は本来許可しない原則であり、それが骨抜きになりつつある。原子力規制委員会が、四〇年超の高浜一号、二号機の申請を二〇一六年四月に許可した。美浜三号も許可済みである。新基準における防火対策としての電気ケーブルの難燃化（一〇〇〇キロメートル以上の長さ）を行なったことによるが、原子炉をはじめとした機材、フランジの老朽化は大丈夫か、大きな疑問を感じるのである。二〇一一年の大事故の反省を基に二〇一二年六月の原子炉等規制法改正で決まった規制強化の根幹であり、四〇年超は本来許可しないのが原則である。「例外的」に原子力規制委員会の認可により一度だけ最長二〇年延長できるとの規定、が骨抜きになりつつあることが懸念される。四〇年ルールの厳格な適用により、所管省の発表では二〇三〇年の原発二〇～二二パーセントの電力量に

足りない見通しの一五パーセントにしかならないので、との理由であるが、四〇年ルールを弾力運用しないことにより原発の量を抑えることがベストに近づく道なのである。

⑥国民が深く関わる法案として、「原発ゼロ法案」が立憲民主党主導（自由、社民、共産）により、衆院に提出された（一八年三月）。

簡潔に述べると、

- 法施行後五年以内に全原発を廃炉にする。
- 電力供給量に占める再生可能エネルギーの比率を二〇三〇年までに四割以上とする（概算一億キロワットに対して四〇〇〇万キロワット以上—著者）。
- 元首相（自民党）も、「現政権には無理だが、近い将来自民党も変わってくる。原発ゼロは必ず実現する」と述べている。
- (1)で触れたが、自民党の筆頭副幹事長の一人も「政府の二二〜二四パーセントの再生可能エネルギーの比率を大幅に（上方に）修正すべきである」、そして「再生エネルギーの拡大が将来的に脱原発につながればよい」と述べているのは、潮目の変わりを示している可能性がある（著者）。

(7)つまり、脱原発がベストチョイスでしょう!!
―付表「二〇一八年現在／原発の現況」参照

第二章と、この章の(1)〜(6)を前提にして、直近の議論や損得勘定での綱引きを吟味しつつ、再稼動VS脱原発を対比すると、結論的には、**脱原発がベストチョイスである。**

すなわち、電力会社（と所管省）は、未だ再稼動と言うかも知れないが、その理由は、

ⓐ投資設置してある原発設備は使いたい。⇓安く使える。

ⓑ代わりの再生可能エネルギーはコストが高い。地勢、風土的に日本は太陽光・風力が不十分。

ⓒ核廃棄物の処理も今後の技術開発に希望、期待したい。

ⓓ避難解除後に帰還した人々がいる。

ⓔ新建設についても可能性をまったくは否定しきれない。

深慮遠望して脱原発が正しいとの判断をするのは、

ⓐ追加安全投資のため、小規模設備はペイしない（再稼動しても）
　安全対策費（＋一五〇〇億円／機）は一・三〜一・四円／キロワット時高くなり、小規模原発では収益を確保し難い。安全性を高めると、経済性は悪くなる。すでに原発コストがバックエンド費用込みで高く、また経済性以外の多くの悪い要素が原発にはある（第二章参照）。

ⓑ再生可能エネルギーは今後安くなる
　中国を含めて、他国では再生可能エネルギー化を急速に進めている。日本には広いEEZがあり、海上風力発電、海流・潮力発電などの可能性大。また今後の技術・開発進展の可能性大。わが国も後追い、大躍進をする必要性あり（第七章参照）。

ⓒ核種変換などの技術開発（廃炉、核廃棄処分絡み）も、将来的に見通しが立たない（第四章参照）

ⓓ国民世論は大反対している
　帰還比率は一年経過後も一〇パーセント以下で大変低い。被曝に対する不安は多くの人で未だに大きい（第一章、第三章参照）。

ⓔ原発の新建設はまず無理

負のファクター多く、政府の第五次基本計画（二〇一八年七月四日閣議承認）にも、新建設は盛り込めず否定的。また他の多くの先進諸国でも新建設には否定的(この章(2)参照)。

・具体的な政治、政策としては、電源三法の廃止・改正。脱原発基本法の策定。脱原発事業への補助金支給・支援。そして原発設備・機械類の特別償却制度の設定が大切（終章）。

・また最後に、以上のような合理的理由があるとき、所管省は脱原発に舵をきり、その方向に進むように政策変更になぜ踏み切れないのであろうか。省の先輩が決めた「悪しき決め事があるから」であろうか。悪しき伝統から身を振り払い、新しい正しい政策に踏み切るべきではないであろうか。そして世界の先進国に遅れないように原発から再生可能エネルギーに政策の軸足を変えるべきであろう。また換言すれば、政・官・財・（学）の、過去よりの悪しききずなの「岩盤を打ち破り」、新しい流れの方向に日本の政治・政策を設定し、日本国民、そして広くは、「地球・環境、・社会の持続性」、に益する政治、政策に変わることを強く望んでいる（著者)。

付表・2018 年8月 15 日 現在／原発の現況

【運転中】

原発名／電力会社	出力（万 kW）	稼動状況
川内１、２号機／九電	89、89	2016 年 12 月　再稼動中
伊方３号機／四国電	89	プルサーマル　再稼動
高浜 3、4 号機／関電	87、87	プルサーマル　再稼動中
大飯 3、4 号機／関電	118、118	再稼働―大阪高裁容認
玄海３号機／九電	118	再稼働中

【審査適合（６月に稼働開始済み）】

玄海４号機／九電	118	プルサーマル　新基準適合 2018 年6月 16 日再稼働

913 万 kW

以上（運転中）合計９基

【未稼働〈稼働予定〉（審査容認）】

原発名／電力会社	出力（万 kW）	稼動状況
美浜３号機／関電	83	40 年運転、稼働 2020 年以降の見通し
高浜 1、2 号機／関電	83、83	40 年超運転
柏崎刈羽 6、7 号機／東電	135.6、135.6	県知事未承認

520 万 kW―運転容認 - 5 基

運転中・稼働予定の合計 14 基、1433 万 kW ＝ 1003 億 kWh ①

【審査中（序盤～中盤)】

原発名／電力会社	出力（万 kW）	稼動状況
志賀２号機／北陸電	135.8	定期点検中
島根２号機／中国電	82	定期点検中。他に、島根３号機（既建設中）
浜岡3、4号機／中部電	110、113.7	県知事不承認（現在）
東海第２／日原電	110	1978 年 11 月に稼働―40 年目に間に合うか
泊1～3号機／北海道電	58、58、91	定期点検中
女川２号機／東北電	82.5	定期点検中
大間／Ｊパワー	（138.3）	0 とする（既建設中）
東通／東北電	110	定期点検中
敦賀２号機／日原電	116	定期点検中、可能性は低い？

1067 万 kW―審査中 -11 基

1067 万 kW の半分の稼働率（推定値）として 534 万 kW ＝ 374 億 kWh ②、

① 1003 億 kWh ＋② 374 億 kWh ＝③ 1377 億 kWh(稼動合計の推定値)

半分の根拠は、ⓐ地元同意が得られない。ⓑ直下に活断層が走っているおそれが

・国内の電力供給量を1兆kWhとして、

それぞれが、10パーセント（確定）‐①、$\left(\fallingdotseq \frac{1003\text{億kWh}}{1\text{兆kWh}} \right)$

14パーセント（予想込み）‐③ $\left(\fallingdotseq \frac{1377\text{億kWh}}{1\text{兆kWh}} \right)$ である。

ー稼働、容認、審査中(前ページ)の内訳ー

・稼動・運転／9

・審査容認／5　　審査中／11　合計：25基

・未申請は16基

ー廃炉ー

・廃炉確定・作業中／浜岡 1,2号　東海1号　福島第一 1~6基 —計：9基

・確定廃炉／敦賀1号　美浜1,2号　島根1号　玄海1号 —計：5基

・廃炉近過去／大飯1,2号　伊方2号　福島第二 4基—計：7基

廃炉合計：21基

第七章

新しいエネルギーの方向—再生可能エネルギーへ世界は進む

〈遅れている日本にとって必要な追いつき、追い越せ〉

読者のいだく疑問

・海外では、再生可能エネルギーがどんどん増えていると聞くが、日本もしっかりと増えているの？

・新電力の余分な電力を電力会社に買ってもらえないとの話を聞くが、どうなの？

・ソフトバンクが、インド、サウジアラビアで、約七兆円、二〇兆円の太陽光発電の事業を考えているとのニュースがあるが本当なの？

著者からの一筆

・日本でも再生可能エネルギーをあちこちで散見するようになっています。しかし世界では、中国、アメリカ、ヨーロッパ諸国などで急速に増えているのに比して、残念ながら日本では数字的にはまだまだ伸びているとは言えません。

・小さいながらも再生可能エネルギーを事業化した私の友人から、販売先が閉鎖的であり、発電した電気の販売が難しくて困っていると耳にしていましたが、一方ある大学の研究で、販売・流通に対する既存の電力会社の閉鎖性が指摘されたことが契機となって、関係当局も事業者も岩盤の開放に前向きになり始めています。

・大企業での海外での再生可能エネルギーの事業展開も始まっているのは良いことですね。どうぞ第七章をお読みください。

(1)日本では電力需要は増えず―発電方式を何にするかが大切、しかし世界のエネルギーの需要は増えている……

①最初に傾向値から言えることは、電力使用量がすでに頭打ちになっていることである。そして、国内消費がその六五パーセントを占めるＧＤＰも、その伸びは人口減少の背景において大きくは期待できないので、電力需要は現在の水準では低減、(よくて頭打ち)と推定できる。原発再稼動論が言うような、電力供給は不足していない。

日本のエネルギー需要量は二〇〇〇～〇七年をピークに、すでに低減がはじまっている。エネルギー全体からみても、

平成一八年：二二・九　平成一九年：二三　平成二三年：二一・一　平成二四年：二〇・八　平成二六年：

日本の１次エネルギーの種類別供給
単位：PJ －ペタ（10^{15}）ジュール

	石油	石炭	天然ガス	その他込み・合計
1990	11003	3308	2102	19657
2000	11157	4203	3133	22761
2010	8829	4982	4232	22039
2014＝平成26年	8306	5118	5063	20059

ガソリン、軽油、灯油などの直接使用以外、これらの相当部分が電力に転換されている

二〇・一（千ペタジュール）

と、ピークアウトの可能性が大きい。

そして電力について、二〇一二年、二〇一四年、それぞれの発電設備と発電電力量（日本）は、

発電設備：二八七三三万キロワット、二九四五六万キロワット

発電電力量：一〇九四〇億キロワット時、一〇五三七億キロワット時（電力量は低減）

なお、電力生産に占める原子力比率としては、二〇一〇年：約二九パーセント、二〇一一年：大事故・約一〇パーセント、二〇一三年　〇パーセント、二〇一六年に再稼働したことにより、直近は増える方向である。

すなわち、この章で記述するが、日本では国の電力の需要は頭打ち低減型となっている。（一次）エネルギーの需要も頭打ちとはいえ、再生可能（新）エネルギーの増加やエネルギー用素材開発が、地球資源の有効利用（再生可能〈エネルギーの供給対策・世界としては大変必要〉）、（地球）環境対策、温暖化対策、省力化対策、として強く望まれるのである。

②世界のエネルギー事情を、特に需要が著しく増加しているアジア、アフリカなどの発

展途上国と、欧米の先進国との対比でみてみると、

【世界のエネルギー消費量】　石油換算一〇億トン

	世界	アジア	アフリカ	ヨーロッパ	アメリカ
一九九七	八・四	二・七	〇・二七	二・五	二・五
一九九八	八・三	二・七	〇・二八	二・五	二・五
一九九九	八・四	二・六	〇・二九	二・四	二・六
二〇〇九	一〇・〇	四・五	〇・三六	二・二	二・四
二〇一〇	一〇・五	四・八	〇・三六	二・三	二・五
二〇一一	一〇・八	五・一	〇・三七	二・三	二・五

中国の著しい伸びを中心にアジアにおいて、そしていずれアフリカおいても同様に、世界のエネルギー需要の伸びは顕著であり、供給を増やす必要がある。アジア、アフリカなど発展途上国では、人口増とともに、産業・経済、そして生活向上が進み、世界のエネルギー消費量は大きく増加する。日本としても遅れている再生可能エネルギーの拡充を行いつつ、エネルギーの素材の技術開発を進めることが、日本のみならず世界的にも強く求められ、世界に対して貢献することにもなるのである。

③ 注目すべき再生可能エネルギー（メインアイテム）の伸びの予想（(2)で詳述）
風　力　二〇〇八年に一億キロワットが、二〇三五年に六倍に
太陽光　二〇〇八年に一五〇〇万キロワットが、二〇三五年に一六倍に
すなわち、環境にもやさしい再生可能エネルギーへの期待は大きい。

(2)世界の再生可能エネルギーへの移行はとても早い

① 世界での再生可能エネルギーへの移行は、新設発電所の発電ベースの割合で二〇〇六年に六パーセントであったものが二〇一〇年には三〇パーセントになり（設備容量では三四パーセント）、また電力需要量も二・三パーセントが二〇二〇年には一一・五パーセントになると予想されている。ＩＥＡの報告では二〇五〇年には再生可能エネルギーが四六パーセントになるとの見通しを出しており、今や世界的に再生可能エネルギーが支柱になりつつある。このような世界の動きに対して遅れている日本としては、今後の政策立案において、十分積極的方向に舵をしっかりときることが必須である。

②世界の再生可能エネルギー（自然エネルギー）の現在の発電設備量は次の通りである。

（単位＝メガキロワット）

中国：一一八　アメリカ：九三　ドイツ：七八

スペイン：三二　イタリア：三一　インド：二七

世界合計　五六〇一（三四三四ギガキロワット時）

日本はこの上位六ヵ国に入っていない。再生可能エネルギーの発電量は、僅か七六ギガキロワット時（世界の二・二パーセント）である。

そして特に注目すべきは、世界の再生可能エネルギーの発電力の比率は、すでに総発電力の一四・七パーセントになっていることとともに、中国の再生可能エネルギーは、すでに全世界の二一パーセントになっていることである。

注目すべき再生可能エネルギーの中でのメインアイテム導入量は、

風　力　二〇〇八年に一億キロワットが、二〇三五年に六億キロワット（六倍）

太陽光　二〇〇八年に一五〇〇万キロワットが、二〇三五年に二・四億キロワットに（一六倍）

バイオマスについても、石油換算〇七年に三七〇〇万トンが三五年に一・六億トン（四・

三倍）と伸びが予想されるが、食料消費との競合にならぬように、極力第二世代のものに限るべきである。

それに対する金融の裏付けとして、世界の再生可能エネルギーへの近年の投資についても、〇三年にわずか三〇〇億ドルであったものが、〇九年一四八〇億ドル、一〇年一八八〇億ドルと、大きく伸びており、再生可能エネルギーの生産、事業拡大を確かなものとしている。国別には日本への投資額は六五億ドルで、中国五六〇億ドル、ドイツ四三〇億ドル、米国三五四億ドルに対比して、日本は非常に少ない。

・比較参考として

現在の全世界の原子力発電数―四三九基

世界での廃炉原発（予定）の数―一五六基（小型のパイロットプラントを含め）

現存数に対して約三六パーセントが廃止措置の対象で、原発は廃炉の対象になりつつある（特に先進国において）ことをよく理解しておくことが大切である。

③ 一方、日本の再生可能エネルギーへの移行は、進んではいるがたいへん鈍い。

・電源構成の過去（一〇年）、現在（一三年）、将来（三〇年）＜一五年六月政府発表＞

	【一〇年】	【一三年】	【三〇年】（単位＝パーセント）
再生可能エネルギー・・・・・・・・	一〇	一一	二二～二四（ダム式水力を含む）
石油	七	一五	三
天然ガス（ＬＮＧ）	二九	四三	二七
石炭	二五	三〇	二六
原子力・・・	一〇	一	二〇～二二

・日本の電力の発電種別対比　（単位＝億キロワット時）

	合計	水力	火力	原子力	下記の再生可能エネ合計	風力	太陽	地熱
二〇一〇	一一五六九	九〇七	七七一三	二八八二	六六・五＜	四〇・二	（〇）	二六・三
二〇一四	一〇五三七	八六九	九五五三	〇	一一四・三（一・〇八％）	五〇・四	三八・一	二五・八

・参考データー／発電量（二〇一三年）

世界：二三三九五ギガキロワット時　水力／一六・六パーセント　原子力／一一・一パーセント

日本：一〇五一ギガキロワット時　水力／八・七パーセント　原子力／（二五・八パーセント＜二〇〇九＞）（一）

日本の大災害前の原発の比率は世界水準との比較では相当に高い。

（なお、ダム式〈大水力〉を意図的に再生可能エネルギーに入れることがあるが、再生可能エネルギーを論ずるとき、本来は大水力発電を入れないのが基本である）

・日本の再生可能エネルギーの全体としての見通し

【発電種類】	【二〇一〇年】	【二〇一五年】（単位＝メガキロワット時〈メガ＝一〇〇万〉）
バイオマス	一一九七八	一六三九五
小水力	一七三〇五	一七七七七
地熱	二六五二	三一一五
風力	四二七四	五三八一
太陽光	四〇八三	三四〇八五
合計	四〇二九三	七六二〇五　一・八九倍（全発電量対比七・四パーセント）

日本も二〇一六年度に一五パーセントになっている（電源構成比）との報告もあるが、これはダム式水力発電を混入している可能性がある。

以上の世界と日本の数字の比較より、再生可能エネルギーは世界においてしっかりと増加しているのに対して、日本は前向きの方針ではあるが、実績は伴っていない（笛吹けども踊らず）。

④ 世界の再生可能エネルギーの潜在的数量はどうか、

エネルギー需要の世界的な大きな増加に対して、化石燃料などの限界が強く感じられるとき、再生可能エネルギーの資源量は大きく推定されていて、その強化・開拓、また開発が必要である。

世界の資源量　　WEA―二〇〇一

二〇〇一年利用量：六〇　　技術的資源量：七六〇〇

（単位＝エクサジュール〈EJ〉E＝10^{9+9}〈一〇億の一〇億倍〉）

つまり、資源量は年間使用量の一二六・七倍ということである。再生可能エネルギーはほぼ無尽蔵にあり、開発・開拓しだいということで、(4)、(5)で述べるような技術開発が強く求められる。これは世界的にも、原発不要論のモーチベーションにもなる数値であろう。

すなわち、潜在的再生可能エネルギーはほぼ無尽蔵であり、遅れているわが国としては、真に追いつき、追い越せの分野である。

(3)脱CO_2・再生可能エネルギー拡大のパリ協定
―批准遅れで日本はバッシングを受ける

①脱CO_2のためにも、再生可能エネルギーの拡大は大きく期待されている。日本が地球環境の持続性のために世界全体として進めつつあるこのパリ協定の批准に遅れ、ボンで行われた二三回締約国会議で多くの諸国より烈しくバッシングを受けた。そして世界のNGOからは、日本が石炭火力発電所の新増設や、海外輸出をしているとして、議場の前で日本政府に対する抗議活動が展開された。日本政府としては、その政治姿勢が正されなければならないであろう。

次にパリ協定とは、どのようなものかみてみよう。

・世界全体の温室効果ガス排出量削減のための方針と長期目標の設定。パリ協定の全体目標は世界の平均気温上昇を産業革命前と比較して二度C未満に抑えること。加えて、一・五度Cに気温上昇を抑制する努力目標も規定されている。そしてこれらの目標を達成するために、二一世紀後半までに人間活動による温室効果ガスの排出量を実質的に〇にする方向性、そして気候変動の脅威に対する対応を強化することを目的としている。

・今世紀の後半に人為的な温室効果ガスの排出の削減を行う（二、三条）。そのために各締約国はその目的を達成するために（四条）国内措置をとる。そして各締約国はCOP21（国連気候変動会議）の決定に従って「貢献」を五年ごとに提出する（四条）。先進締約国はまた開発途上締約国を支援する資金を提供する（九条）。五五パーセント以上を占める数の締約国、または世界総排出量の五五パーセント以上の国の締約国が協定締結した日の後三〇日目に効力を生ずる（二一条）。これは二〇一六年一一月四日すでに発効している。

・各国の温室効果ガス排出量削減目標の設定。この協定で定めた長期目標を達成するために、各国はまず二〇二五年または二〇三〇年までの温室効果ガス排出量削減目標をそれぞれの国ごとに自主的に設定し、進捗状況を報告し、専門家によるレビューを受けることになっている。これまで削減目標の設定義務のなかった途上国も含まれる。なお、日本は〝二〇三〇年までに二〇一三年比で温室効果ガスを二六パーセント削減する〟という公約を提出している（二〇一五年一二月ＣＯＰ21にて提案）。

【国名】　　　【温室効果ガス削減目標】

日本　　　二〇一三年比／二〇三〇年までに二六パーセント削減。二〇五〇年に八〇パーセント削減を閣議決定。

アメリカ　二〇〇五年比／二〇二五年までに二六～二八パーセント削減。しかし一七年六月にパリ協定離脱を表明。オバマ政権時代のこの数値目標も取り消し。

EU　　　一九九〇年比／二〇三〇年までに四〇パーセント削減、

中国　　　二〇〇五年比／二〇三〇年までに六〇～六五パーセント削減（GDP当たりのCO_2排出量）

インド　　二〇〇五年比／二〇三〇年までに三三～三五パーセント削減（GDP当たりのCO_2排出量）

二〇一五年一〇月時点での報道発表では各国にこれ以上が求められている。その一つが途上国・気候変動の影響を受けやすい国々への援助。温室効果ガス排出削減に支援が必要な国に対して、先進国中心に資金・技術支援を積極的に進めることが定められた。また、すでに気候変動の影響を受けている国々に対しては、救済を行うための国際的しくみを整えていくことになった。以上がパリ協定の枠組みである。

② 日本はこのパリ協定の批准に遅れたためにＣＯＰ２２でのそのルール作りに参加できず、そして日本に不利になるルールにも異議を申し立てられないこととなっている（ＣＯＰ２２の開催中にようやく批准）。

・パリ協定の目標年二〇二五～二〇三〇に向けて、日本を含む先進諸国では温室効果ガスの削減を始めなければならない（①参照）。

そしてそのために、脱炭素社会を見越してすでに動き出しており、ＵＮＥＰによると、二〇一五年の再生可能エネルギーへの投資額は過去最高の二八五九億ドル（約三〇兆円）に上がった。そして二〇四〇年までには、累積投資額として再生可能エネルギー一四〇〇兆円が見込まれる（ＩＥＡ数値）ほどの巨大な額であり、日本としては大変なビジネスチャンスとしてとらえ、再生可能エネルギーを伸ばし、また、そのための次記のような素材・用途開発を強化することが重要である。

(4)その1・エネルギーの用途・素材開発
―原子力発電を超える再生可能エネルギー

①燃料、発電方式による効率の差異は次表の通り、

	消費エネルギー	排熱量	合計	エネルギー効率（パーセント）
原発	一〇〇	二三三	三三三	三〇
火力発電	一〇〇	一二二	二二二	四五
天然ガス（LNG）（コンバインドサイクル）	一〇〇	八七	一八七	五三

これでわかるように、原発のエネルギー効率は低い。

②再生可能エネルギーの各分野・発電方式などについて、

▪再生可能エネルギー（自然エネルギーの活用）の動向・育成
▪エネルギー絡みの素材の技術、開発など
▪最後に、省エネ・省資源製品のさらなる開発、3R行動
再生可能エネルギーを伸ばすことは、日本のエネルギー政策の最重要課題の一つのはずであるが、世界に対して事実上たいへん遅れをとっている。その拡充は急務である。

・次に、いろいろな再生可能エネルギー（自然エネルギー）の今後について、
再生可能エネルギーは環境負荷が少なく、（潜在的）資源量は、(2)で述べているように大きい。

▪風力発電　▪洋上風力　▪海洋発電／海洋、潮汐、波力、海洋温度差
▪地中熱発電　▪太陽光発電／光→電気　▪太陽熱発電／光→熱
▪バイオマス発電／バイオエタノール、バイオディーゼルがあるが、第二世代（廃棄食物、動物糞尿、薪木材残滓、ゴミ）のみにすべき　▪水力（小規模）発電
▪水素（石油精製副産物、天然ガス系、　将来については(5)参照。
▪燃料電池（現在・都市ガス・電力に触媒反応させる。将来については(5)参照。

これら再生可能エネルギー分野において、日本は他の国に比べて著しく遅れている。この間、開発が進んでいた太陽光発電も遅れるに至った。

・それぞれの発電について、次に記す。

【風力発電、海洋エネルギー発電】

風力発電は、世界では年成長率二〇パーセント以上が続いており、全電力に占める比率も現在の三パーセントが二〇二〇年には一二パーセントに上がることが期待されている可能性の大きい発電方式である。日本の風力発電は、国土の狭さ、また景観主張パワーにより設備量は少ない。しかし、陸地の狭い日本でも、海の上を活用すれば、洋上浮揚・据え付けを合わせて風力発電量を増やすことは可能で、政策に政治も力を入れて貰いたいものである。

<洋上風力発電>将来に大きく期待出来る。離岸距離一〇キロメートル以内、水深一〇〇メートル以内、風速年平均七メートル／秒を条件とするが、日本列島周辺海域は設置可能な海域が広くあり、着床式、浮体式ともに可能である。なお、日本の風車は東日本大震災でも破損、倒壊を免れている。

＜海洋エネルギー発電＞新しいタイプの再生可能エネルギーとして、海流発電、潮流発電、波力発電、海洋温度差発電などのさまざまな海洋エネルギーも期待できる。特に福島県の海側は風力エネルギーのほかに、これらの活用も効果があると思われる。日本近海での海洋エネルギーの能力は、将来的には、原発五〇基分との試算もある。潜在的にたいへん大きな可能性をもった自然エネルギーで、前記の四タイプ合計で三六メガキロワット強である。

日本は海洋エネルギーの技術開発において、潜在能力は世界一と考えられるが、現実の開発はたいへん出遅れている。しっかりと開発を進めるべきである。

福島県の被災地の海岸側における風力発電、海洋エネルギー発電、そしてまた（森林）バイオマス発電などの事業展開は電力調達の目的とともに、福島の復興はもちろん、前進・発展的活動としての価値もあろうし、そのような動きが近年出てきていることは良いことである。

【地熱発電】

地熱資源量は、日本には厖大なエネルギーが眠っているが、温泉業、国立公園、世界遺産などとの競合があり、やや時間が掛かるであろう（二〇一〇年）。

	年間発電量〈億キロワット時〉	設備容量〈万キロワット〉	総発電量対比〈パーセント〉	総設備量対比〈パーセント〉
アメリカ	一五〇	三一〇	〇・三八	―
フィリピン	一〇三	一九〇	一七	一二
インドネシア	九六	一一九	―	―
アイスランド	四七	五八	二七	二二・三
日本	二九	五四	一・一	〇・二

【太陽光発電（光→電気）】

太陽電池（Ｓｏｌａｒ Ｃｅｌｌ）の開発・市場化は日本では早くも一九八〇年代にさかのぼるが、その後欧州諸国の先行を許して、太陽光発電でも世界で大幅に遅れをとるに至った、当時は我が国は世界の五〇パーセントのシェアーをもっていたが、近年の世界での太陽光発電の累積導入量は三五〇〇万キロワットに対して、日本は累積三六〇万キロワットである（一〇パーセント程度に落ちている）。そして発電量は約四〇〇〇メガキロワット時に過ぎない。

太陽光発電は太陽電池も含めて、枯渇の恐れのないクリーンなエネルギーで、使用の場所で利用出来る分散型の便利さがある（送電不要 - 送電ロスなし）。日本の太陽電池は変換効率を含めて技術は世界最高水準であるので、今後大きく伸びることを期待したい。

【バイオマス発電】

先進国（ＯＥＣＤ）では一次エネルギーの四・二パーセント になってる。食糧難に喘ぐ多数の人々がいる世界では、第二世代のエネルギー化にとどめるべきである（廃棄物バイオマスは良い）。

バイオマスについては、林業・建設現場から発生する間伐材、製材屑、建築古材などの木質廃棄物の利用、また下水汚泥、畜産糞尿、生ゴミなどの食品廃棄物の利用。そして菜の花、稲わら、籾殻、野菜屑、廃食用油の利用など、いわゆる「第二世代の燃料」を活用する動きが、自治体の参画を含めて始まっている。バイオマス市場として、食品廃棄物は現状では八〇パーセントが未利用、廃棄紙、林地残材はほとんど未利用で、余地は大きい。

・ＴＯＫＹＯ油電力では首都圏中心にスーパーや公共施設五〇〇ヵ所に食用油の回収場所を設置し、出力一四五キロワットの発電機の燃料としている。

・福島でのバイオ焼却・発電の可能性は有望であろう。

そしてバイオマスによる改質水素製造は可能性としては、期待大である（後記参照）。

【（小）水力発電（一〇〇〇〇キロワット以下を指す）】

一〇〇～一〇〇〇キロワットをミニ水力、一〇〇キロワット未満をマイクロ水力と分類している。二〇一〇年の日本の発電量は一七三〇〇メガキロワット時である。

しかし、河川、砂防堰、農業用水など、資源量（潜在量）は一四〇〇万キロワットと言われている（原発一四基分）、特に日本の地理的特性（山地・森林六九パーセント⇕世界平均三一パーセント、また多雨）を考えれば、大いに活かすべきである。日本ではこの小水力以外のダム式には今後全く実現性はないが、世界では中国の三峡ダム発電所のように、今後の可能性は十分にあり得る。

なお新しいエネルギー源として、メタンハイドレート（Hydrate）があげられる。日本では、秋田沖、佐渡沖、能登半島沖、隠岐周辺での発掘の可能性があるものの、問題は採掘にかかるコストがどの程度かである。日本での必要天然ガスの一〇〇年分とも言われている。基盤技術は近い将来に確立の要あり。

③再生可能エネルギーが発電量の変動の大きいことをしっかりとカバーするための蓄電装置・機器も開発が進んでいる。研究、開発されつつある「全固体電池」なども有力になる可能性は十分考えられる。すなわち、リチウムイオン電池などで使われる電解液の代わりに固体の電解質を使う電池がそれである。硫黄やリン、ゲルマニウムなどを組み合せて、さらに塩素を加えた固体電解質で、電解液（例 - リチウムイオン電池）をしのぐ性能が得られるようになっている（東京工大・教授）。今後大きな伸びが期待されているＥＶなどに使われよう。また同大学では、安価な材料のスズやケイ素を固めて、セラミックス電解液並みの性能をもつものも開発しつつある。再生可能エネルギーを伸ばすためには、送電網の有効な（開かれた）活用とともに、蓄電池の開発が大切とされているが、材料開発を「ＩｏＴ」を活かしながらの「マテリアルズ・インフォマティックス」で、最適素材の

開発が可能となろう（二〇一八年四月）。

④ＦＩＴ（固定価格買い取り制度）について

日本の政策として、紆余曲折の後二〇一二年七月より再生可能エネルギーの買い取り制度を実施している。

【一四年三月よりの価格】　【一七年四月からの価格】　（円／一キロワット時）

＜仕組みは大幅な変更あり＞

太陽光　一〇キロワット以上　三二円　家庭用二六円

事業用一八円

＜他は従来通り＞

風力　二〇キロワット未満　五五円　二〇キロワット以上二二円

洋上風力の設定価格　三六円

地熱　四〇～二六円

中小型の水力　三四～二四円

二三～二五年にさらに下方に修正がありそうである（一八年九月）。

バイオマス　　　　　　　　　三九～一三円
（メタン発酵ガス化・未利用木材・廃棄物・サイクル木材など）

・ＦＩＴ制度の期限を見据え、太陽光の買い取り制度の検討
二〇一九年から順次買い取りの期限を迎え、期限切れの電気は電力会社に買い取ってもらえなくなる。そこで自分で売り先を探すことが必要となる家庭、中小事業者が増えるので、それをチャンスとして対応を考える事業が出てきている。

なおＦＩＴ法施行規則・告示改正が二〇一七年八月三一日に交付されている。

・いくつかの事例を示せば、
▪積水ハウスは発電設備付きの住宅から電気を買い取り、同社の必要な電力を一〇〇パーセント再生可能エネルギーとする。

▪東芝ライテックは従来品より小型の蓄電システム「eneGoon」の拡大に使う。

▪オムロンは後付け蓄電システム「Ｌｏｏｐ電池」蓄電システムにＡＩを搭載して電気料金が自ずと安くなるようにする、などである。

⑤ 再生可能エネルギーのコストは将来次の通り安くなり、十分な競争力が予見される。

『将来の参考値』 (単位=円／キロワット時)

	【風力・陸上】	【風力・海上】	【バイオマス】	【太陽光】
二〇〇八年	九	一二～一〇	一三～六	(七六～)三六
二〇三〇年	七	九～八	一一～四	一三

	【太陽熱】	【地熱】	【波力・潮力】	【水力】
二〇〇八年	(三七～)一三	八	二〇	(一〇～)五
二〇三〇年	(二二～)七	七	一一	(一〇～)四

特に、現在は高くても、将来的には一〇円未満が多く、再生可能エネルギーに対して大きく期待できる要因である。

(世界では、サウジアラビア、サハラ砂漠、モンゴルなどでは、太陽光発電、風力発電は特に安くなる。二～三円／キロワット時もあり得よう)

⑥ 再生可能エネルギーのまとめ

買い取り制度を梃子にして再生可能エネルギーの生産増、普及を計る政策であるが、日本は遅行しているので、遅れを取り戻す必要がある。遅れを取り戻す過程で、環境省発表では、再生可能エネルギーの二〇二〇年の経済効果は二九～三〇兆円以上、六〇万人の雇用効果があり、そして三〇年には、再生可能エネルギーのシェアーが三五パーセントの予測である。

・中小企業、個人企業のレベルでは、次のような再生可能エネルギーの例がみられるようになり、すでにその胎動を示している。

■電気の購入先を大手から自然エネルギー中心の新電力に切り替える動きが「パワーシフト社」によって拡がっている。対象として「自然エネルギー」一〇〇パーセントをうたう電力メニューも出始めている。地域系電力会社として、水戸電力、千葉電力、湘南電力、愛知電力、とっとり市民電力、Ｃｈｕｋａｉ電力、新電力おいた、長崎地域電力、エネックス（東京、埼玉）などがある。新電力への切り替えの最大の理由は、「料金の軽減である」と言う、前月比二～三割安いと言う、その結果の数字として、全国での自然エネ発電の比率が高いときは、二七・八パーセント（四月三〇日）、最も低かったのは九・一パーセント（一二月三一日）であった（二〇一八年四月）。

▪秋田県南部の「にかほ」市の風力発電が注目され始めている。「風夢」と呼ばれている事業活動（発電）で二〇一二年三月に稼動を始めている。事業主は、東京、神奈川、千葉、埼玉の四単協（組合員二三万人）であり、「風夢」は出力一九九〇キロワットで、年間発電量四八二万キロワット時。約一三〇〇世帯分の電気を供給する（数量計算にて著者が確認）、年間販売益のほぼ全額、約三〇〇万円は首都圏の組合員と地元住民の交流に充てられている。

・日本での小水力発電は歴史をさかのぼる。日本では地形的、また地勢的に小水力発電は古くより行われていた。すでに一九五二年（昭和二七年）に農山漁村電気導入法が制定されており、そして中国小水力発電協会も創立された。しかし、その後は大電力会社―九電力が経済の拡大とともに支配型となっていった。

・今また新しい動きとして、小水力発電のモデルケースを一つ紹介する。

▪岡山県西粟倉村は人口一五〇〇人程度、森林が九五パーセントを占め、一九六六年に農協名義で小水力発電を始めた。二〇一二年にＦＩＴ制度がスタートして以来、売電単価は高くなり、収入は年一千万円に増え、村の税収の半分に相当する額となった。売電収入の積立て基金より一億円を繰り出し、官製ファンドからの借金も合わせて第二発電所を建設予定である。

・なお、再生エネルギーが金融を動かし始めている。グリーンボンド（環境債）と呼ばれる債権が増えている、集めたお金は、再生エネルギーや、省エネルギー対策に使い、マネーと環境の好循環が世界で、また遅れて日本でも回り始めている。

■環境債の日本での発行の例としては、横浜市の「新綱島駅」工事のために環境債で資金を調達。工学院大学は現預金を環境債に投資、千代田区の労働金庫連合は環境債に約二三〇億円の投資残高を有す。戸田建設は調達資金で長崎県五島列島で洋上風力発電九基を建てる等々であり、着実に進みつつある。

また、環境債の発行額は、世界では二〇一七年一五五〇億ドル（約一六兆円）、二〇二〇年には一兆ドルが期待されている。日本では二〇一七年の四三〇〇億円から、本年には一兆円が見通されている。

(5)その2・エネルギー関連の素材、技術開発

―水素エネルギーを含む

① 製品における省力化は、資材・材料の開発にたいへん大きく懸っている。そして使用素材の開発が、省エネ・省資源、エネルギーの効率化、効率の良い発電に通じ、また同時に、環境保全、CO_2削減にも通じるものである。

NEDO（新エネルギー・産業技術総合開発機構〈国立研究開発法人〉）での技術開発の方向として―

革新性が高く抜本的な新エネ・省エネ、CO_2削減などに資する技術領域であり、産業への波及効果が高いテーマであること。五〇〇〇万円程度以内／年・件の研究補助あり。

・テーマの具体的対象として、

▪ CO_2フリーの水素研究・開発

▪ 画期的なエネルギー貯蔵・変換技術の開発（変動的な再生可能エネルギーに活かせる）

▪ 省エネルギー社会を支える他の革新的材料の開発など。IoT利用によるマテリアル

ズインフォマテックス利用による開発で生み出されるものが多いと思われる。

この記述もそれらに近い提案となっている。

② 重要新エネルギー素材として可能性が大きく、将来志向のもので後述のような水素エネルギーは重要である。

・エネルギー開発、地球環境の持続性、省エネなどに通じる素材・材料における（近年及び今後の目立つ技術開発を次にあげたい。新技術集約型で、再生可能エネルギーの基盤素材として決定的に重要なもので、製品設計における省力化のためにも大切である。そしてこのエネルギー用新素材は、需要増著しい世界に対する貢献に役立つものである。それは水素エネルギーあり、これまでの炭素利用（環境負荷が大きい）に対して、水素革命とも言われている（地球環境の持続性に通じるものでもある）。

基礎原理的には水の電気分解に通じているもの。将来的には環境汚染のない、CO_2フリーの低環境負荷のエネルギーであり、将来性の大きいエネルギーである。

・製法タイプとしては、固体高分子型（ＰＥＦＣ）、固体酸化物型（ＳＯＦＣ）を柱として、リン酸型（ＰＡＦＣ）、溶融炭酸塩型（ＭＣＦＣ）などがある。一例、定格出力は七〇〇

〜七五〇ワット（家庭用）。

③水素エネルギーを強化する。

・その市場規模は、新エネルギー産業技術総合開発機構が二〇一四年七月に「水素エネルギー白書」を発表したところによると、二〇三〇年には一兆円規模、二〇五〇年には八兆円規模の市場展開を予想していて、可能性の大きさが思い計られる。もちろん問題点もあり、当初は化石燃料の直接使用に比べてコスト高になることは否めないが、次記の事例のように、風力、太陽光、バイオ燃料などより発生した水素エネルギーであれば（主に第二期）、環境に対する大きな貢献となるのである。

市場規模：NEDO作成＜日経クリーンテック資料＞

	二〇二〇年	二〇三〇年	二〇五〇年年
日本		一兆円	八兆円
世界	一〇兆円	四〇兆円	一六〇兆円

（日本に対しての世界の伸びが大き過ぎか？）

・そしてこの間、材料ベースとして、第一期は化石燃料を、そして第二期は炭素フリーでクリーンな燃料を使用している水素エネルギーは、文字通り環境負荷のないエネルギーである。すなわち、第二世代の基盤ソースとしては（特にこれは重要）

1. 太陽・風などの再生可能エネルギー
2. バイオマスエネルギー
3. 下水処理、家畜の排泄物よりの（メタン）ガス――一例として北海道鹿追町では牛ふんを発酵させたバイオガスからメタンガスを抽出し水素を作り出して地産地消で水素燃料事業に挑戦している
4. 製鉄場、化学工場など―川崎市の臨海地域でＬＮＧの精製過程で出る水素をエネルギーとして生かしているなど

一方、課題としては、現在は製造コストがやや割高で、その製造方式での改善、規模のメリット化などにより、コストの引下げが大切。

・しかし、さらなる利点としては、水素ステーションにより、送電線不要の分散型が可能となる。そのためにはステーションのサプライチェーン化（システムの構築）が必要だが、その実現は可能である。水素エネルギーは次の分野での展開となろう。

1.燃料電池車＝ＦＣＶ　強い日本の自動車工業での有利性あり
2.家庭用燃料電池＝エネファーム　日本はこの分野で先行
3.産業・業務用燃料電池　石油化学工業、半導体製造業などでの利用が可能

④水素燃料電池の実用化と開発。

・水素燃料は高効率、かつ分散型利用が可能で、特に燃料電池として、すでに研究・開発・商品化の活発な動きがみられる。

・実用化の例として、ガス会社や石油会社が電器メーカーと組んで、コジェネレーションシステムに取り入れ、すでに稼動させている。一台のコストが未だ高価（四八〇万円）なので、国からの補助金（三五〇万円）が支給されるが、今後コストを五〇万円台にし、二〇一五〜二〇二〇年に年間五〇万台を導入の計画である。オリンピックを控えての東京都の構想としては、燃料電池ユニットとして二〇年に六〇〇〇台、二五年に一〇万台があるが、全国としては、二〇一六年の累積一五万台、二〇三〇年は五三〇万台（＝五三〇〇万世帯の一〇パーセント〈希望的上限値〉）がある。燃料電池の技術とその実用は、自動車に先駆け家庭用においてスタートした（今後修正もあり得よう）。

・本丸の自動車用でも開発に成功し始めている、電気自動車（ＥＶ）は比較的短距離の運転に限られるが、燃料電池車の場合は一〇〇〇キロメートルの走行まで可能であるとの予想もある（ＦＣＶ）、現時点ではＥＶが伸びているが、将来的にはＦＣＶが一層大きく期待できる。

そして、国全体としては、二〇二〇年八〇万台の予想があり、またＮＥＤＯの予想値、二〇二五年一兆円規模のマーケット＝二〇〇万台（二〇〇万台×五〇万円／ユニット）がある。

・次世代車（次世代のエネルギー源に関わる）の大きな流れは？

経産省は二〇一〇年にまとめた「次世代自動車戦略」で、プラグインハイブリッド車とＥＶ車の比率を、国内新車販売の三〇年に二〇～三〇パーセントと掲げているが、現実は一七年の比率が一パーセント代・約五万台にとどまっている。一方、中国はＥＶ市場で主導権を握ろうと、すでに約六〇万台になっていて、日本に大きく水をあけているとの報道である。この遅れを取り戻すために、日本でもリチウムイオン電池以上の航続距離と安全性を持つ次世代電池の開発が不可欠であるとして、それを官民会議の主要テーマとし、一六億円を支出することを二〇一八年四月に決めている。

	HV（ハイブリッド車）	EV（電気自動車）とPHV（プラグインハイブリッド車）	FCV（水素燃料電池車）
2017年	31.2% 137万台	1.23% 5.4万台	0.02% 849台
2030年	30（〜40）%	20（〜30%）に大幅アップ	3%以上に急上昇

国内メーカーでは、EV車で日産の前向きが顕著で、トヨタはハイブリッド車（HV）を得意としているが今後の強化を期待したい（二〇一八年四月）。

さらにその先には水素燃料電池車（FCV）が大きく期待されるが、将来の方向性であるので、この予想では控え目にとどまっている。

・また、生産シェアーとしてEV、PHVが全車両に占める比率は下表の通り（二〇一八年四月）。

現在及び今後を考えてEV、PHVにおける中国の躍進が顕著であり、強い日本の自動車工業を脅かしかねない。今後伸びる製品のEV、PHVにおいて日本としてもっと力を入れるべきである。さらに将来性豊かな水素燃料電池車で、中国ではすでにバス（路線での妙味あり）で使用を始めており、日本でもその開発を強化すべきである。水素エネルギーは原発に代替しうる有望なエネルギー源である（著者）。

	中国	アメリカ	日本
2013年	12%	37%	22%
2017年	44%大幅増加	13%大幅減少	15%やや減少

・そして、新しい開発として、燃料電池車（ＦＣＶ）への搭載可能な装置の小型化に役立つ水素の抽出が、有機ハイドライドからも出来る技術が開発されている。水素とトルエンなどの化合でできた有機ハイドライドは液体であるため貯蔵・運搬をしやすく、搭載する装置で必要に応じて元に戻し、水素を取り出して燃料電池に供給する。そして有機ハイドライドを流し加熱して水素を取り出すとき、エンジンの排熱を有効利用することもできる。
・また、他の例で、発電部品の構成セルにセラミックを使用することにより燃料電池の発電効率が高まる技術も開発されている。作動温度が高まり店舗、工場、小型発電所などでの利用に適している（固体高分子型は作動温度が低いので自動車、家庭用狙い）。燃料電池のコストダウンの開発は急速に進みつつあり、今後省エネ対応としてたいへん有望な技術・製品となるであろう。

⑤水素エネルギーの展望―基盤材料の開発・応用の例
・燃料電池の製造用として、水加ヒドラジンは、脱プラチナ（高価）であり、そして輸送・貯蔵の問題もなく、基礎技術は確立されたものとして評価できる。
・基盤ソースの例として、下水の汚泥を発酵させるバイオガスに含まれるメタンガスから水素を取り出す方法（福岡市ほか）がある。また、製鉄工程から発生する水素を電力に利用する（室蘭市、北九州市）、化学製品の製造工程で発生するバイプロダクトとしての水素の活用（山口県周南市）などもあげられる。

・関連した技術開発として、高純度水素をバイオエタノールから作る技術が開発されている。バイオエタノールは植物なので、前記のように化石燃料に依存しないで水素の製造が可能となる（コストも天然ガスからの製造とほぼ同じ）。そして、将来的には穀物ではない、建築廃材、廃材チップ（第2世代の燃料）からの量産技術の開発も進められる。

・水素の製造についても、高価希少の白金以外の触媒として、光系触媒としての紫外線の利用とともに、エネルギーの多い可視光線をニオブ系窒化物触媒（41Nb）で反応させ、水素を発生させる方法も開発されつつある。

・他地域への輸送には、水素を液体のメチルシクロヘキサン（MCH）とした後利用に際して再び触媒で水素に戻す方法もある（輸送中の水素の爆発を防ぐ有効な手法）。

・オリンピックを控えて東京都の構想では、水素燃料供給の水素ステーションを二〇二〇年に、現在の五カ所を三五カ所に、そして全国としては、その後約一〇〇カ所の推定値がある。それにより、家庭用燃料電池を一五万台（出力一〇万キロワットに相当）に、また二〇三〇年に一〇〇万台（出力七〇万キロワット）を実現可能な下限値（他の目標値との差異は、システムのとらえ方の違いが一因）としている。またＦＣＶの他に、燃料電池の利用によるバスも期待されている。

以上のような、クリーンな水素エネルギー、燃料電池などは、まったく新しい素材、エネルギー源として、また同時に環境にも貢献する重要な素材となるであろう。

(6)まとめ―原発にかえて再生可能エネルギーへの移行を進めよう―世界では「再生可能エネルギー革命」とも言われつつ、展開が進んでいる。日本もそれに乗り遅れないこと！

①日本としては、遅行している再生可能エネルギーの展開・充実を優先課題の一つとしつつ、エネルギー用素材の開発、技術展開（例、水素燃料電池など）を起爆剤とすることが必要である。一方、諸外国との関係、すなわち地球規模においては、日本でのこのよう

な展開を基盤にしつつ、世界の国々、とりわけ発展途上国（アフリカ、アジアなど）での展開に積極的に貢献することが必要不可欠と考えられる。

この章の⑴〜⑸で述べているように、再生可能エネルギー（新エネルギー）の充実、拡大を図りつつ、その前提として省エネルギーに役立ちつつ地球環境にやさしい画期的な基盤素材の開発・展開をしっかりと進めることが必要である。あわせて、それにより原発にはしる各国の衝動的拡張政策にブレーキがかかることをもたらす可能性が、プロデュースされることを大きく期待したいものである。

②世界的な大きな流れとして、再生可能エネルギーは大きく伸びている（⑵①②）。しかも潜在的資源量は著し大きい（⑵④）。

・一方、原発については世界的（特に先進国）には廃炉の傾向が続いている（⑵②の後段）。

・日本では未だ再生可能エネルギーの伸びが不十分であるが、わが国の総合的な開発力・技術力の高さから、大きい伸びがポテンシャルとして考えられるので、発電方式としては、国の政策としても最も力を入れて伸ばすべきであり、⑷で記述しているような開発・分野は十分に期待出来る。

そして、再生可能エネルギーの地産・地消のメリットは国内的にはたいへん大きく、それは再生可能エネルギーの拡大にとって、大きな要素となる。

③モンゴルは、太陽光発電、風力発電による電気を、韓国、日本、中国へ大々的に輸出することを構想中との報道があり、世界の再生可能エネルギーは躍進的である。また、ソフトバンクも、サウジアラビア、インドで大規模な太陽光発電を計画する（？）のは、再生可能エネルギーを活用する上でたいへん先進的と考えられる。

④米国では原発・石炭火力発電の補助案が否決され、トランプ政権にとって痛手。連邦エネルギー規制委員会が、市場競争を歪め電力安定化への効果が不明として、原発と石炭火力発電への補助案を全会一致で否決（二〇一八年一月）、米国では電力需要の減少と天然ガス火力の導入、再生可能エネルギーの価格低下で、原発や火力発電の採算が取れなくなっている。トランプ政権が任命した四人を含む五人の委員全員一致で否決した。日本もこれを「他山の石」として、しっかりと吟味する必要があろう。

⑤これまでの電力の配電・送電は、既存の大電力会社の独占状態であったことが、再生可能エネルギーにとって極めて閉鎖的であったが、次のような研究、提言がその岩盤を開放しつつあり、再生可能エネルギーにとっての明るい要因となるであろう。

京都大特任教授によると、基幹送電線の利用率は二割であると言う。「空き容量ゼロ」として新たな再生エネ設備の接続を認めない送電線が続出しているが、それは理不尽で、運用によっては導入の余地が大きいことが浮かび上がっている。「空き容量ゼロ」の基幹路線の数は一三九路線あり、実際の利用率は二三・〇パーセントにもかかわらず「なぜ空き容量ゼロと言うのか」、「なぜそれを理由に再生エネルギーの接続が制限されるのか」。日本の遅れている再生可能エネルギーの普及のために、透明性があり合理的な説明が求められよう。日本の電力会社は想定潮流として周辺の発電所がフル（定格出力）に近い運転をすることをベースにしていると言う。資源エネルギー庁は今後想定潮流の計算方法を変え、再生可能エネルギーの導入可能量を増やそうとしている、とすれば良い方向であろう。このようにして（巨大）電力会社の独占体制が崩れることはたいへん喜ばしい。

そしてまた、送配電での提携（50サイクル、60サイクルを国際標準に統一することも含めて）の検討が始まっているのも良い方向である。すなわち、東電、関電などの電力九社による、地域をまたいだ電力を融通し合うための送配電での提携を検討している。九社で年間一一六〇億円の費用削減ができるようになる。そして天候の影響を受けやすい再生可能エネルギーの供給面の変動をカバーしやすくなり、政府目標の二〇三〇年度、再生可能エネルギー二二～二四パーセントの実現にも貢献できるとの見方もできるとの見立てである（二〇一七年一二月）。

・最後に一つの事例として、「福島洋上風力コンソーシアム」、「会津電力」は、被災を受けている福島（県）の底力が出ているものとして注視に値する。

そして、主に津波の被害を受けた他の地域で、防災エコタウンを作り、そこでは太陽光パネル発電、またバイオエネルギーを活かして、文字通り地産地消をおこなっていることも参考として、福島の被災地でも似たような企画を進めると良いと思われる。

終章

まとめ――原発問題のあり方を総括する

(1)脱原発に向かっての潮目の変化

電力会社（と所管省）は基本的に原発推進に前向きではあるが、**しかし、脱原発に向かっての潮目の変化が見え始めているのは確かである。**

・事業者は既投資設備を使いたいが、安全対策のための費用支出も一基当たり一〇〇〇～二〇〇〇億円と多額で、中規模原発ではペイしない。＜第二章＞

・原子力規制委員会の合格を取っても、地域住民による合意が昨今取りにくくなっている。

・代わる電力としての再生可能エネルギーは、世界的には躍進著しい。そしてわが国はたいへん遅れるに至っている。

・すでに与党の中にも「政府の二二～二四パーセントの再生可能エネルギーの比率を大幅に上方に正し、それが脱原発につながるとよい」との発言もある（一八年四月）。＜第七章＞

・また、政府の中にも送電線利用率の見直し（アップ）により、再生可能エネルギーの普及・拡大政策を取ろうとの動きがある（一八年三月）。

・温暖化対策としてのCO²の発生が抑制されるも、原子炉の発熱を冷却する必要があることにより相殺されて有効でないとの判断ができる。＜第七章＞
・なお、エネルギー戦略も、日本では人口減の背景で、エネルギーの需要増も期待できない。

(2)結び・脱原発のすすめ

脱原発の必要性・妥当性は　すなわち、以上（第一章～第七章）より、早い時期での脱原発のすすめの理由が明白であろうが、さらに理解しやすくその根拠を列挙すると

・放射性廃棄物（特に高レベル）の廃棄がまったくできていないし、できる見通しもない（トイレなきマンションと揶揄されている）。高レベル核廃棄物は大量約二万トンにのぼる。＜第四章＞
・高レベル放射性廃棄物の処分適地はなく、今後も難しい。「科学的特性マップ」も、各自治体は批判的かつ警戒的である（一七年九月）。

・核種変換技術の開発は長期にわたって、ほとんど見込みなし。＜第四章＞
・高速増殖炉「もんじゅ」（原型炉）の開発が中止されるも、核燃料サイクルを続けるとの政策であるが、核燃料再処理（工場）のできていない深刻な問題がある。しかも大量のプルトニウム（四七トン）をすでに所有。米国はじめ諸外国よりの批判は大きい。
・内部被曝の問題は、目立たないように伏せられているが、住民はガン発生の可能性を知りつつあり、それ故の不安・心労がある。そしてそれが居住制限解除後の帰還を妨げている。＜第三章＞
・そのため、政府の制限解除後も、帰還者の比率は居住制限区域でさえ約一〇パーセントの低さである（特に若年子弟持ちの家族では、親子別居生活も多く見られる苦悩がある）。＜第一章＞
・七年間不在のかつての住居は荒廃している（野性動物の跳梁跋扈など）。再居住に伴うトラブルも多い。
・学校、職場への汚染域外からの専用バスによる通いも多く見られるし、これは正常ではない。

・民意も、原発は危険があり、たいへん反原発的である。民意を重視する先進諸国（民主主義の）では原発を強行し難い（専制国家ではできるかもしれないが）。＜第六章＞

・日本は、地震・津波の超大国という課題もあり、危険が大きい。二〇一一年三月以降も何度か大地震に襲われている。総理は世界一安全な審査基準と言うが、日本は世界一危険な地勢である。プレート型、活断層型、さらに東南海トラフによる地震の恐れもある。

・建設費アップも一因で、日本では原発の新建設はもはや考えられないであろう（他の先進国でも同様）。第五次エネルギー政府計画でも、新建設は表記されていない（すでに建設中であったもの、の再継続・建設が行われることはあろうが）。

・原子力規制委員会の審査基準の中に、避難計画が対象になっていないのは改善して規定化すべきである。アメリカのＮＲＣ（原子力規制委員会）にはその規定がある。

・そして、もし再稼動するためには、原発の安全性を上げる必要性があり、中小規模の原発の再稼動も安全対策費アップのためコスト的に避けられ始めている。一七～一八年の大飯1、2号の廃炉が例としてあげられる（一・四円／キロワット時アップ）。＜第二章＞

・目先の僅い僅かな経済性にとらわれないようにする。

・電力供給に不足なく（日本の 現在・未来）、稼動増・投資へのニーズは小さい（補修投資は必要であろうが）。

・原発再稼働をせずに（稼動の停止を含め）、代わりに再生可能エネルギーを伸ばす必要性は大。再生可能ネルギーの建設・稼働は、仕事量アップに通じる。

・すなわち、日本は再生可能エネルギーの展開での立ち後れが大きく、今後その開拓・展開を抜本的に強化する必要がある。＜第七章＞

・原発では直接 CO_2 の発生がなくても、原子炉の大量の冷却水の排出は、地球温暖化を同様に損なう。

・ウラン資源の埋蔵量は五〇年程度で、遠くない将来、枯渇気味になるであろう。＜第六章＞

・電力会社も既存設備の稼働で収益を確保しようとするが（無論適切なメンテナンスをしつつ）、しかし、日本では、コスト計算でバックエンド費用の必要な額の加算・計上を欠いていて、発表されているコスト計算値はたいへん甘かった。バックエンド費用の意図的計上繰り伸ばしは負の資産（借金）の付け回し（隠ぺい）とも言えよう。＜第二章＞

・政府発表のコストも、当初五・三円／キロワット時、一一年一二月八・九円／キロワット時、その後一〇・一円／キロワット時、直近一〇・七円／キロワット時と、主にバックエンド費用算入によるアップによっており、このような額の上がり方は信頼度に欠ける。

・想定外の大事故のおそれ（天災―地震・火山噴火・津波など、人災―テロ活動など）があり、東電大事故のように、その時の被害・被曝、費用の発生は想像を超えて甚大となる。

・ＩＡＥＡによる指摘の如く、事故対応が不十分（特に、避難計画―原子力規制委員会・所管省による審査・指導を欠く）。アメリカでは、避難計画はＮＲＣの審査・指導を受ける必要あり。

・地球環境・持続性の視点からも原発は問題が大きい。核汚染は地球を汚染し、劣化する。きれいな地球環境、母なる地球を後の世代に残すべきである。

・いったん大事故を起こすと事故対応に四〇年を超える時間を要し、費用も二〇兆円を大きく超える大災害となる（しかも国民負担）。東電事故は原発をやめるべき大きな要因の一つである。＜第五章＞

・原発輸出も行うべきではない。大事故の時の大きな責任・負担のブーメラン的発生もあろう。また、二〇一一年の大事故による汚染により、世界に被害・迷惑をかけた倫理観からも、輸出は不適、むしろ的を得た事業活動・展開により経営者は事業収益を確保すべきであるのが至極当然。

・技術としては、脱原発、廃炉技術の研究・開発を推進する。また、核融合の研究・開発には力を入れる。

・廃炉の困難さ、また核のゴミの永久処理の難題。すなわち、負の遺産の後世代への付け回しは決してやってはいけない。人類史上如何なる時代にも、このような愚行をしたことはない。後の処理（核廃棄物、廃炉、さらに事故がなくても）には、膨大な作業、業務で大問題が続くであろう。〈第四章〉

・きれいな環境、美しい地球を未来にわたって残す。

・司法が、東電の責任のみならず、国の責任をも認めていることは重大である。

・高レベル放射性廃棄物については、日本学術会議の提案通り、暫定保管と総量管理を軸にした枠組みで、かつ最終処理に関わる抜本的技術開発を合わせて行うべし。

・福島第一のサイトの整理・復旧の作業の大きな困難さが続いていて、しかも（三〇～四〇年先（の二〇五〇年代）までそれが続くことの大きな重荷（ただし、これはすでに起きていることであるが、再度の被災を必ず避けるべきである！）。

・目先の自己都合の経済性より、世代にわたる事業・経営倫理性を大切にすべきである。これから先の世代（一〇〇年のタイムスパン）の幸せ（人類・社会の持続性）を重く考えること。

・原発についての現政府の政治政策・姿勢には、問題があり（先進国として遅れている）、悪化しつつある。反芻して、リシャッフルされんことを願いたい。

・すなわち、民意を受けつつ脱原発を主唱するしっかりと人心を掴んだ若い政治家（特に与党の）が動いて、脱原発が確実に進むと、それはわが国として真に望ましい姿になるであろう。

・**二〇一六年の描書に次いで、この約二年間（事故後七年強経過）の現在、何が変わり、何が変わっていないのか、また現在の状況をどう評価するか。**

1. 除染を進めつつ居住制限の解除が行われたが、帰還しない人々が多く（特に子女持ちの家庭）変わっていない（居住制限区域でも）、そして帰還困難区域では大半が復興・帰還できない。また反原発の比率（人々）が多く、変わっていない。

——汚染を受けている肝心な地域では、むしろ状況は、悪くなっていると言える。

2.核廃棄物の（最終）処理は依然としてできていない（見通しもないと言えよう）。原発再稼動がもし進むと、

——核廃棄物は増量して、悪化する。

3.先進国では、原発離れが進んでいる。新建設がさらに否定的になっている。

——その結果は改善の方向である。

4.日本では、再稼動が始まった。これは問題である。

——悪化している。

しかし新建設には否定的方向が出ているとも言える。原発の危険さ、核廃棄物の（最終）処理ができないことなどが理由、また再稼動では、経済性もたいへん問題に、

——もし再稼動が減れば、改善の方向になる。

なお、一部の発展途上国（中国、インド）では新建設が進む、故に先進国（日本）が垂範して脱原発することが必要。

　――それは世界にも良い影響を及ぼす可能性がある。

5.東電第一の破壊サイトの改善は事実上僅かである。事故費用も二一・五兆円を超える可能性は大（事実上国民負担）。

　――つまり、困難・辛苦は今後も永く続く。

・すなわちこれを総括して、被災地での復興は微々たるもので、被災者の心労は続く、そして、原発稼働の負担・デメリットは大きい。しかし改善の潮目（兆候）はみられるので、国の政策として、脱原発に踏み切るべきである。

【全体総括】

・政府（電力会社も）は、二〇五〇年代まで続く東電福島第一原発の事故処理・対応の（国全体としての）重荷を抱えている。

・一方、被災者は核汚染、内部被曝を懸念して帰還が少なく（解除された居住制限区域ですら）、特に子供のいる若い家族はほとんど帰還しないとの問題が大きい。

・核廃棄物の（最終）処理はたいへん長期にわたって不可能が続く。
・そして地勢的背景もあり、天災（あるいは人災も）はないとは保証もできない。
・その上、バックエンド費用算入と、安全化投資のための発電コストの上昇により、経済性も低下するとともに、先進国中心に原発の新建設は止め、それに代わる再生可能エネルギーの拡大が著しい。
・そして、日本の国民の意見は脱原発に大きく傾いている。
・すなわち、国の行政を担う政府は、ジレンマ（dilemma）どころか、トリレンマ（trilemma）、あるいはマルチレンマ（multilemma）に陥っているとも言える。
・これからの解決・対策の方法は、少しでも早く脱原発に舵をきることではなかろうか。

(3)脱原発を進めるために

・これまで述べてきた結果から、原発の再稼動は最小限とする（著者計算値は一〇～一五パーセント）。新規建設はしないとの前提である。長期的原発稼働の着地点は一〇パーセント以下（最終的には〇パーセント）に、合わせて省エネも積極的に行う。

・環境を害さず、強い再生可能エネルギー指向とも言いうる「環境エネルギー革命」に積極的に沿ってエネルギーに関してのわが国の進むべき政治政策の方向を設定する。

・「廃炉が大きな産業になる可能性をもっている」そして「日本が廃炉技術・廃炉産業で世界のトップになれるかどうかの岐路に立っている」と考えて、政・官・財・学をあげて鋭意対策することが望ましい。

・具体的な政治・政策として、電源三法の廃止・改正。脱原発基本法の策定―脱原発事業への補助金支給などの支援、さらに原発設備・機械類の特別償却制度の設定。

そして、現実的に、立憲民主党案が初めの政策案として審議に値するかもしれない。

・著者の結語

さて以上（第一章～終章）の理解・吟味の上に、著者として日本における原発のあり方を、ごく短く表現させていただけば、

1.危険な核廃棄物の最終処理をし得る方法、場所もなく（日本の地勢の上からも）、
2.国民世論は、脱原発を深く支持しているので、
3.目先の僥い経済性に惑わされることなく、
4.脱原発（近い将来にゼロ）を強く希望する。

おわりに

近年、原発に関する報道・情報がやや少なめ、もっと正確に言えば、断片的なもの、興味本位のものが多く、全体の状況、またわが国としてどうあるべきか、またどう考えるべきかなどについて容易に理解できるような包括的な情報、そして重要テーマによっては深読みができるような情報が欠けているように思えますね。それらを補い、国の内外の事情、そして他の発電方式（再生可能エネルギーなど）、また他のエネルギー素材、そして過去・現在・将来をもしっかりと見据えつつ、原子力発電の問題をどう考えるべきか、さらに、目先の損得勘定ではなく、将来を見据えた（例えば一〇〇年先）政治政策のあり方を思料していただけるような視点を含めて、この本は記述しております。もっと言えば、原子力発電は、わが国と人々、地球・社会、世界の人々の問題にも関わる大切なテーマですし、そのような視点をも持ちつつ記述しています。

・福島第一原発の事故によるその地方の現状が、七年以上経過した今どうなっているのか、に関心がありますね。福島県でも事故現場より遠く離れている場所（例えば五〇キロメートル以遠）ではすでに問題の少ない状況ですが、帰還準備地域（一七年三月に準備解除）、あるいは三〇キロメートル以内のエリアでは、帰還可能となっても子女家庭はほとんど帰還していなく、帰還者は一〇パーセント程度に止まっています。駅周辺、あるいは限られた開発エリアのみに辛うじて生活感が見られるに留まっています。特に帰還困難区域は特別な政府指定の地域のみ（帰還困難区域の一〇パーセント未満）しか、人の気配がありません。もし、「福島がすでに復活している」との発表があれば、それは表面のみの捉え方ではないでしょうか。やはり放射能汚染の心配、それに伴う心労は、若い子女を持った家庭では今でも日々の行動に重くのしかかっているのですね。容易にその問題から解き放されないでいるのですね。

＜第一章、第三章＞

・近くに行って目に入る事故現場は、今でも続く巨大な崩壊の爪痕が事故の烈しさ・解決の困難さ、そして好むと好まざるとに関わらず、これからも永く続くその問題の処理の難しさ・傷の深さを我々に如実に告げてくれます。防護服を身に着けて格納容器に出入りする若い技術者・作業員の目は真剣そのもので、それを見るにつけても早く片付いて欲しい、核汚染を受けないで作業して欲しいと強く願う気持ちになります。思えばこのような事故処理の活動が今後も十数年以上にわたって続かざるを得ない虚しさを感じざるを得ません。しかも、その廃墟が残す傷跡は、高レベル放射性物質やデブリなどの難題が山積で、その（最終）処理の難しさという課題を後に残すのです。しかも放射性物質の（最終）処理の問題はこのような事故を起こしていない原発の稼働によっても発生することを思うとき、原発稼働の虚しさを強く感じます。その実相とはいかなるものでしょうか。＜第五章、第四章＞

・マスメディアも揶揄して言う「トイレのないマンション」の問題は、原発稼働に伴うたいへん大きな問題ですね。日本は、若い地盤・地層の国であり、地震大国（プレート型、活断層型、トラフ型などさまざまなタイプの地震が発生する）であり、歴史的にも、上代から現代にわたってその爪痕が国中各所で見られます。

東日本大震災の後も、熊本大地震も、そして最も直近の大阪地震も、もし直下であれば稼動中の原発の事故発生にもつながる可能性が十分あったとともに、もし（最終）処理していた場合、その処理を危険に曝《さら》す可能性があったでしょう。また、もっと近い将来では処分を受入れる自治体がまったく出てこない可能性すらあるでしょう。ドイツでは当初予定のゴアーレーベンが再検討中になり、またあの広大なアメリカでもユッカマウンテンでの最終処理方針について再検討の黄色信号がつきました。このように高レベル放射性廃棄物の処理は大きな問題ですし、再稼動はこの問題をさらに難しくしてしまいますね（最終処理量が増加する）。＜第四章＞

・万一の事故時の避難計画が不十分なまま（あるいは全く不完全なまま）原発の再稼動がスタートしているのは大変困ったことですね。高浜原発、大飯原発はいずれも福井県の若狭地方に位置し、京都府、滋賀県にも原発サイトから三〇キロメートル以内に多くの人々が住み、また玄海原発は佐賀県に位置し、すぐ隣に長崎県、東北に福岡県をひかえ、それぞれの県で原発サイトの近くに多くの住民が住んでいます。今の制度では、基本的に立地地域の市町村、都道府県の自治体の承認と、そこが作成する避難計画で稼動がスタートしますが、上記のような隣接する自治体の人々の避難計画がないがしろにされ、あるいは軽んじられているのはたいへん困ったことです。また川内原発では川内地方の人々のみならず、近くの串木野市の人々の避難が、また伊方原発ではボトルネックの先の佐田岬の人々の避難がたいへん心配されます。そして避難に関しての基本的な問題として、地方自治体と電力会社のみでその計画を作成することとなっている現在の仕組みを改善する必要がありますね。欧米では原子力規制委員会（に類する機関）と政府の所管省が審査・指導することになっているようですが、原発は高度に技術集約的であり、避難計画は客観的で他のサイトとの情報交流を活かし、全体的な吟味・判断を活かしてのプランニングをするべきであります。また広く国民の生命に関わるテーマであるので、所管省、原子力規制委員会の総合的・かつ技術集約的審査を必要とする筈ですよね。なんでもアメリカを見習う風潮には抵抗を感じますが、ことこの件については、アメリカのＮＲＣは適切な避難計画を前提条件としていて、それは良いですね。

＜第一章＞

・原発は安全で安価な電力であると言われ続けてきていたことにも、近年大きな疑問符が打たれましたね。「安全性」に疑問が打たれたのは二〇一一年の福島第一の原発事故で、すでにしっかりと心に刻み込まれました。一方「安価」と言う点については、二〇一一年当時の発電原価が五・三円／キロワット時であったものが、直近の政府発表値は一〇・七円／キロワット時となって、二倍のコストに跳ね上がりましたが、これは主として、これまでバックエンド費用をほとんど入れずに会計処理をしていたためであり、次世代移行への負の資産の移管であり（経理処理上の隠蔽）、また付帯的には新基準による安全化のためのコストアップが理由ですね。バックエンド費用の過小計上による収益アップは、会計上あってはならないことで（それによる原発の安さのPRが狙い）、それがようやく改善の方向になったのは遅すぎではありますが、的確な判断をするためには良いことですね。そして直近では、小・中規模の原発が、電力会社（及び所管省）により最早ペイしないことが理解され、そのため原発の再稼動の断念が続き始めたのは良い兆しですね！　＜第二章、第六章＞

・さて、次に触れておきたいもう一つは、二〇二〇年に開催される夏季オリンピックとの絡みです。この国際的なスポーツの祭典は、今後一層にぎやかに日本各地・各市町村で取り上げられ、マスメディアの対象にされ、また盛り上げられることでしょう。しかもそれが東日本大震災よりの「復興」をテーマとされる可能性が大きいようです。そしてこれは国際的な人々の集いですので、成功して貰いたいと思うとともに、著者も個人的にはボランティア活動に関与するつもりです。しかし東日本とはいっても、岩手県、宮城県などの地震・津波による被災地のしっかりとした復興は大いに歓迎し、また文字通りさらに大きく復興が進んで欲しいですが、一方福島県の被災地においては条件は異なっています。被災者の内部被曝の心労、子女家族と老齢者の離ればなれの生活、家の崩壊、そして帰還困難区域での復興のたいへんな難しさを抱えたままです。復興拠点化される地域はこの区域の一〇パーセント未満であり、そして約二〇〇〇〇人以上が復興から取り残されたままの状態が、今後長期にわたって（あるいは永遠に）続くとの現実の厳しさがあります。そして企業としての責任があるとはいえ、東電の崩壊現場の長期にわたる（三〇年以上か）これからの対応・整備（対応技術者、作業員の苦しさ）の困難などがあることを忘れてはならないはずですね。

＜第一章、終章＞

・この本でお読みいただいたように、脱原発をし、再生可能エネルギーを強化するとの正しい方向に、なぜ所管省は踏み切れないのでしょうか。先輩の決めた既存の政策、すなわち「悪しきしがらみ」があるからでしょうか。しかし、原発から再生可能エネルギーへの政策転換を、世界の先進国に遅れないように出来るだけ早く行うべきではないでしょうか。「過ちを改むるに憚ることなかれ」（論語）であると思うのですが、如何がでしょうか。

・最後に、原発は人に被曝・災害をもたらすのみならず、地球をも汚染します。きれいな地球環境、美しい地球を後世に残したいですね。

・終わりに、この本の執筆にあたり、数年にわたって毎月ともに研究・検討していただいた環境倫理分科会の佐藤陽一さんをはじめとしたメンバーの方々に、厚く御礼を申し上げます。それとともに、三和書籍と、高橋社長のご見解、ご協力に心底より感謝申し上げたいと思います。たいへんありがとうございました。

【著者略歴】
安藤　顯（あんどう・けん）

東京大学教養学科科学史科学哲学、卒業、コロンビア大学研修
1967／12 三菱レイヨンニューヨーク事務所長
1978／1 フィシバ社（ブラジル）専務取締役
1978／1 三菱レイヨンドブラジル社長
1985／4 太陽誘電常務取締役
太陽誘電－ドイツ、USA、シンガポール、韓国、台湾専務理事
1995／6 太陽誘電常勤監査役、2001.6 退任
2001／6～ マネジメントプランニング代表
／10～ 日本経営倫理学会会員
2014／4～ 地球サステイナビリティを考える会主宰

著書等：電子機械工業会“電子材料・部品”論文（編集主査）、“製造工業に於ける収益化の方程式”、論文、(1989)、経済同友会経営委員“企業経営論”報告書（1990)、米国経営倫理学会年次総会への論文提出・同発表、シアトル（2003／8)、ニューオリーンズ（2004／8)、ホノルル（2005／8)、“日本の企業統治・倫理について”論文集（2006／9)、書籍『アクションプラン 42』（共著）2009 年、『人類はこの危機をいかに克服するか』2014 年、論文集（英語・日本語)、『これからどうする原発問題／脱原発がベスト・チョイスでしょう』2016 年、ほか多数

脱原発シリーズ2
こうするしかない原発問題
再生可能エネルギーに舵をきろう

2018 年 11 月 15 日　第 1 版第 1 刷発行
著　者　安藤　顯

発行者　高橋　考
発行所　三和書籍

〒 112-0013 東京都文京区音羽 2-2-2
電話 03-5395-4630　FAX03-5395-4632
郵便振替 00180-3-38459
http://www.sanwa-co.com/
印刷・製本／中央精版印刷株式会社

乱丁、落丁本はお取替えいたします。定価はカバーに表示しています。
ISBN978-4-86251-322-9 C0036